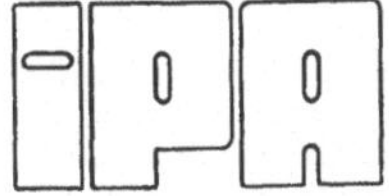

Forschung und Praxis · Band 65

Berichte aus dem Fraunhofer-Institut
für Produktionstechnik und Automatisierung,
Stuttgart, und dem Institut
für Industrielle Fertigung und Fabrikbetrieb
der Universität Stuttgart

Herausgeber: Prof. Dr.-Ing. H. J. Warnecke

Eberhard Haller

Rechnerunterstützte Gestaltung ortsgebundener Montagearbeitsplätze, dargestellt am Beispiel kleinvolumiger Produkte

Mit 43 Abbildungen

Springer-Verlag
Berlin Heidelberg New York 1982

Dipl.-Ing. Eberhard Haller

Institut für Industrielle Fertigung und Fabrikbetrieb der Universität Stuttgart

Dr.-Ing. H. J. Warnecke

o. Professor an der Universität Stuttgart

Fraunhofer-Institut für Produktionstechnik und Automatisierung (IPA), Stuttgart

D 93

ISBN-13 : 978-3-540-12015-5 **e-ISBN-13 : 978-3-642-81946-9**

DOI : 10.1007 / 978-3-642-81946-9

Gesamtherstellung: Drucken + Werben GmbH · Zettachring 12 · 7000 Stuttgart 80 (Fasanenhof-Industriegebiet) · Telefon (07 11) 715 60 06.

2362/3020—543210

Geleitwort des Herausgebers

Die Entwicklungen in der Produktionstechnik in den letzten Jahrzehnten haben entscheidend zur positiven wirtschaftlichen und sozialen Entwicklung in der Bundesrepublik Deutschland beigetragen. Die Produktivität konnte jedes Jahr um durchschnittlich etwa 3,5 % gesteigert werden. Mechanisierung und Automatisierung wurden und werden stetig weiter vorangetrieben. Während es sich bisher jedoch um Verbesserungen an einzelnen Maschinen und Anlagen sowie Verfahren handelte, werden heute alle Unternehmensbereiche erfaßt, und man ist bemüht, das gesamte System Unternehmen bzw. Produktionsbetrieb zu optimieren. Das klassische Bemühen um Optimierung des Einsatzes und Zusammenwirkens der Produktionsfaktoren Mensch, Maschine und Material muß heute erweitert werden um die Berücksichtigung sozialer Belange, gesetzlicher Auflagen, Probleme der Energieversorgung, schnellen Veränderungen an den Produkten und auf den Märkten sowie Sicherung der Qualität und der Lieferfähigkeit.

Von wissenschaftlicher Seite wird und muß dieses Bemühen unterstützt werden durch die Entwicklung von Methoden und Vorgehensweisen zur systematischen Analyse und Verbesserung des Systems Produktionsbetrieb. Hier ist heute insbesondere auch der Fertigungsingenieur gefordert, nicht nur einzelne Maschinen und Verfahren zu beherrschen, sondern das gesamte komplexe System hinsichtlich der Verknüpfung seiner Elemente durch zweckmäßigen Informations- und Materialfluß. Beispielhaft seien dazu nur hinsichtlich des Informationsflusses die heute gegebenen Möglichkeiten der Datenerfassung und -verarbeitung in Fertigungsplanung und -steuerung, an den einzelnen

Produktionsanlagen sowie im Qualitätswesen genannt. Im Materialfluß geht es um richtige Auswahl und Einsatz von Fördermitteln, Förderhilfsmitteln sowie Anordnung und Ausstattung von Lägern. Der weiteren Automatisierung in der Handhabung von Werkstücken und Werkzeugen sowie der Montage von Produkten wird in nächster Zukunft allergrößte Aufmerksamkeit geschenkt werden. Leistungsfähige Sensoren werden die Möglichkeiten dafür sehr stark vergrößern.

Die beiden vom Herausgeber geleiteten Institute, das Institut für Industrielle Fertigung und Fabrikbetrieb der Universität Stuttgart sowie das Fraunhofer-Institut für Produktionstechnik und Automatisierung in Stuttgart, arbeiten in grundlegender und angewandter Forschung intensiv an den aufgezeigten Entwicklungen in der Produktionstechnik mit. Zur Umsetzung gewonnener Erkenntnisse wird die Schriftenreihe "IPA Forschung und Praxis" herausgegeben. Der vorliegende Band setzt diese Reihe fort, eine Übersicht über bisher erschienene Titel wird am Schluß dieses Bandes gegeben.

Dem Verfasser sei für die geleistete Arbeit gedankt, dem Springer-Verlag für die Aufnahme dieser Schriftenreihe in seine Angebotspalette und der Druckerei für saubere und zügige Ausführung. Möge das Buch von der Fachwelt gut aufgenommen werden.

Hans-Jürgen Warnecke

Vorwort

Die vorliegende Dissertation entstand während meiner Tätigkeit als wissenschaftlicher Mitarbeiter am Institut für Industrielle Fertigung und Fabrikbetrieb (IFF) der Universität Stuttgart.

Herrn Professor Dr.-Ing. H.J. Warnecke, dem Leiter des Instituts für Industrielle Fertigung und Fabrikbetrieb sowie Direktor des Fraunhofer-Instituts für Produktionstechnik und Automatisierung (IPA), bin ich für seine wohlwollende Unterstützung und großzügige Föderung der Arbeit zu besonderem Dank verpflichtet.

Mein Dank gilt auch Herrn Professor DTech.h.c. Dipl.-Ing. K. Tuffentsammer für die eingehende Durchsicht der Arbeit und die sich daraus ergebenden Hinweise.

Bei der praktischen Anwendung des in der vorliegenden Arbeit entwickelten Verfahrens wurde ich in großzügiger Weise von den Firmen Daimler Benz AG in Stuttgart sowie Bizerba in Balingen unterstützt. Den entsprechenden Herren dieser Firmen bin ich für ihre Hilfe ebenfalls dankbar.

Darüber hinaus möchte ich allen Mitarbeitern der genannten Institute danken, die mir durch Kritik und Diskussionsbereitschaft beim Abfassen der Arbeit behilflich waren. Dieser Dank gilt insbesondere den Herren Dipl.Ing., M.S. G.Schad, Dipl.Ing. E.Ammer und Dr.-phil. K.Kornwachs.

Stuttgart, im Juli 1982 Eberhard Haller

INHALT Seite

0 Abkürzungen ,Verwendete Größen und Einheiten

0.1 Abkürzungen

ARPLA:	Arbeitsplatzgestaltung
MMP:	Mittlerer Montagepunkt
MTM:	Methods-Time-Measurement
TMU:	Time-Measure-Unit (Maßeinheit des MTM-Systems; 1TMU = 0,0006 min)
UAS:	Universelles Analysiersystem
WF:	Work-Factor

0.2 Verwendete Größen und Einheiten

Zeichen	Einheit	Bedeutung
A	%	Abweichung vom Kugelmodell
A_i	-	Anzahl Flächenelemente in Behälterbreite
A_U	DM/Jahr	Lineare Abschreibung für Universalbetriebsmittel
A_S	DM/Jahr	Lineare Abschreibung für Sonderbetriebsmittel
A_W	-	Anzahl der Anwendungsfälle pro Jahr
α_1 , α_2	Grad	Hilfswinkel
b_R	-	Achsenabschnitt für die Gerade der Grundbewegung "Hinlangen"
b_M	-	Achsenabschnitt für die Gerade der Grundbewegung "Bringen"
β_1 , β_2	Grad	Hilfswinkel

Zeichen	Einheit	Bedeutung
D	Stück	Anzahl der im Betrachtungszeitraum herzustellenden Produkte
d_j	cm	Entfernung zwischen mittlerem Montageort und der Mitte des Flächenelementes j
d_k	cm	Durchmesser der Vergleichskugel
$F_{Ideal.}$	Stück	Theoretisch mit Hilfe des Kugelmodells errechnetes Behälterfassungsvermögens
$F_{Tats.}$	Stück	Tatsächliches Behälterfassungsvermögen
G_i	kg	Bauteilgewicht
γ	Grad	Behälterdrehwinkel
i	-	Behälterindex
j	-	Index aller Flächenelemente
k_p	-	Körperproportionalfaktor
K_I	DM/Jahr	Kosten für Instandsetzung und Erhaltung
K_M	DM/Stück	Montagekosten
K_R	DM/Jahr	Raumkosten
K_S	DM	Systemeinführungs- und Systempflegekosten pro Anwendungsfall
K_Z	DM/Jahr	Kalkulatorische Zinsen
L	DM/Stück	Lohnkosten
l_i	cm	Bewegungslänge zwischen mittlerem Montageort und Greifpunkt am Behälter

Zeichen	Einheit	Bedeutung
$l_{max.}$	cm	Maximale Ausdehnung eines Bauteils in der Länge bzw. Breite
$l_{min.}$	cm	Minimale Ausdehnung eines Bauteils in der Höhe
M	TMU	Zeitwert für die Grundbewegung "Bringen"
m_M	-	Steigung der Gerade für die Grundbewegung "Bringen"
m_R	-	Steigung der Gerade für die Grundbewegung "Hinlangen"
n	-	Anzahl der Behälter
P_i	-	Variabler Anteil der Zielfunktion
R	TMU	Zeitwert für die Grundbewegung "Hinlangen"
r	cm	Greifradius
S_c	-	Statischer Anteil des Gewichtungsfaktors für das Bauteilgewicht
S_{EK}	DM/Jahr	Systemeinführungskosten
S_{KP}	DM/Jahr	Systempflegekosten
S_i	-	Menge aller Flächenelemente in der Behälterbreite auf Höhe des Zugriffspunktes
S_{ND}	Jahr	Systemnutzungsdauer
T_i	TMU	Wert der Zielfunktion für einen Behälter
t_i	-	Anzahl der Zugriffe pro Behälter

Zeichen	Einheit	Bedeutung
V_K	cm^3	Volumen der Vergleichskugel
V_T	cm^3	Volumen eines Montageteils
W	-	Dynamischer Anteil des Gewichtungsfaktors für das Bauteilgewicht
$\hat{x}_p$, $\hat{y}_p$	mm	Koordinaten des Behälterbezugspunktes im 2-D-Raum
x_p, y_p, z_p	mm	Koordinaten des Behälterbezugspunktes im 3-D-Raum
x_s, y_s, z_s	mm	Koordinaten des rechten Schultergelenks
$- x_s$, y_s, z_s	mm	Koordinaten des linken Schultergelenks
zh_i	-	Anzahl der Zugriffe pro Behälter und Produkt
Z	%	Kalkulatorischer Zinssatz

1 Einleitung

Die Situation zahlreicher Unternehmen im Jahre 1982 ist gekennzeichnet durch einen zunehmend stärker werdenden Konkurrenzdruck aus dem In- und Ausland bei gleichzeitiger Stagnation des Wirtschaftswachstums. Die daraus resultierende Unsicherheit in der Beurteilung zukünftiger Entwicklungen wird noch erschwert durch die in immer kürzer werdenden Abständen vom Markt geforderte Anpassung von Produkten, deren Typen und Varianten an die jeweiligen Käufergewohnheiten. Zur Bewältigung der anstehenden Aufgaben ergibt sich für die Unternehmen im Sinne einer langfristigen Sicherung der Arbeitsplätze die Notwendigkeit Rationalisierungsmaßnahmen in der Produktion mit dem Ziel einer besseren Nutzung der Produktionsfaktoren Arbeit und Kapital einzuleiten /1/.

Aus heutiger Sicht erscheint es sinnvoll, den Schwerpunkt solcher Rationalisierungsmaßnahmen in vielen Betrieben auf den Bereich der Montage zu legen. Im Vergleich zur Teilefertigung wurden die Rationalisierungsreserven in diesem Produktionsbereich bisher nur wenig ausgeschöpft. Das zeigt sich u.a. daran, daß der Anteil automatisierter Montagearbeiten derzeit auf nicht mehr als 10 % geschätzt wird /2/. Nicht selten fallen mehr als 40 % des gesamten, zur Herstellung eines Produktes erforderlichen Zeitaufwandes in Form von Montagearbeiten an, die bis zu 50 % der Produktionskosten verursachen /2, 3, 4/.

Nach der Planung konzeptioneller Gesamtmontagesysteme erfordert die Feinplanung der Arbeitsplätze einen hohen Zeit- und Arbeitsaufwand. Diese Aufgabenstellung wird von den Arbeitsplanern aufgrund der Vielzahl auszuführender Verwaltungs- und Planungsaufgaben oft nur bedingt, mit einer entsprechend geringen Feinplanungstiefe wahrgenommen. Die Folge ist, daß wesentliche Funktionen der Feinplanung dem Werkstattpersonal übertragen werden und somit häufig nicht sicherzustellen ist, daß die bei der Arbeitsplatzgestaltung vorhandenen Rationalisierungsreserven ausgeschöpft werden.

Aufgrund der hohen Anzahl installierter ortsgebundener Montagearbeitsplätze /5/,für die Montage kleinvolumiger Produkte* kommt der Gestaltung solcher Arbeitsplätze eine besondere Bedeutung zu.

Vorrangig sind daher Planungshilfsmittel zu entwickeln und einzusetzen, deren Nutzung den Zeitaufwand für die Gestaltung von ortsgebundenen Montagearbeitsplätzen verringert und gleichzeitig die Planungsgüte erhöht. Die elektronische Datenverarbeitung bietet dazu Möglichkeiten, die in anderen Bereichen der Fertigungsplanung z.B. bei der Arbeitsplanerstellung oder der NC-Programmierung früh erkannt wurden /6,7,8,9/.

Auch bei der Arbeitsplatzgestaltung sind Vorteile durch den Rechnereinsatz zu erwarten. Eine Vielzahl der hierbei auszuführenden Arbeitsaufgaben ist algorithmierbar und kann mit Hilfe eines entsprechend konzipierten EDV-Programmsystems einfacher und schneller im Gegensatz zur manuellen Vorgehensweise bearbeitet werden /10/. Die Weiterentwicklung dialogfähiger EDV-Systeme ermöglicht darüber hinaus die Integration nicht algorithmierbarer, also vom Arbeitsplaner aufgrund seiner Erfahrung zu lösender Teilaufgaben in den rechnerunterstützten Planungsablauf.

Mit einem solchen rechnerunterstützten Planungshilfsmittel wird der Planer von Routinetätigkeiten entlastet, so daß mehr Zeit verbleibt, den immer größer werdenden Anteil kreativer Tätigkeiten bei der Arbeitsplatzgestaltung besser zu bewältigen. Die wesentlich schnellere Bearbeitung einer Gestaltungsaufgabe mit Hilfe des Rechners ermöglicht außerdem die Entwicklung und Bewertung mehrerer alternativer Gestaltungslösungen mit einem vertretbaren Zeit- und Arbeitsaufwand, so daß insgesamt betrachtet mit einer bestmöglichen Problemlösung gerechnet werden kann.

---

*In diesem Zusammenhang wird ein Produkt als kleinvolumig bezeichnet, wenn es unter Berücksichtigung von technischen und ergonomischen Randbedingungen auf einem Arbeitstisch montiert werden kann.

Für die Feinplanung von ortsgebundenen Montagearbeitsplätzen sind jedoch bis heute keine der Praxis entsprechende rechnerunterstützte Planungshilfsmittel entwickelt worden. Zur Verbesserung und Rationalisierung der Gestaltung solcher Montagearbeitsplätze unter Zuhilfenahme der elektronischen Datenverarbeitung wurde im folgenden ein modulares, dialogfähiges EDV-Programmsystem entwickelt (Bild 1).

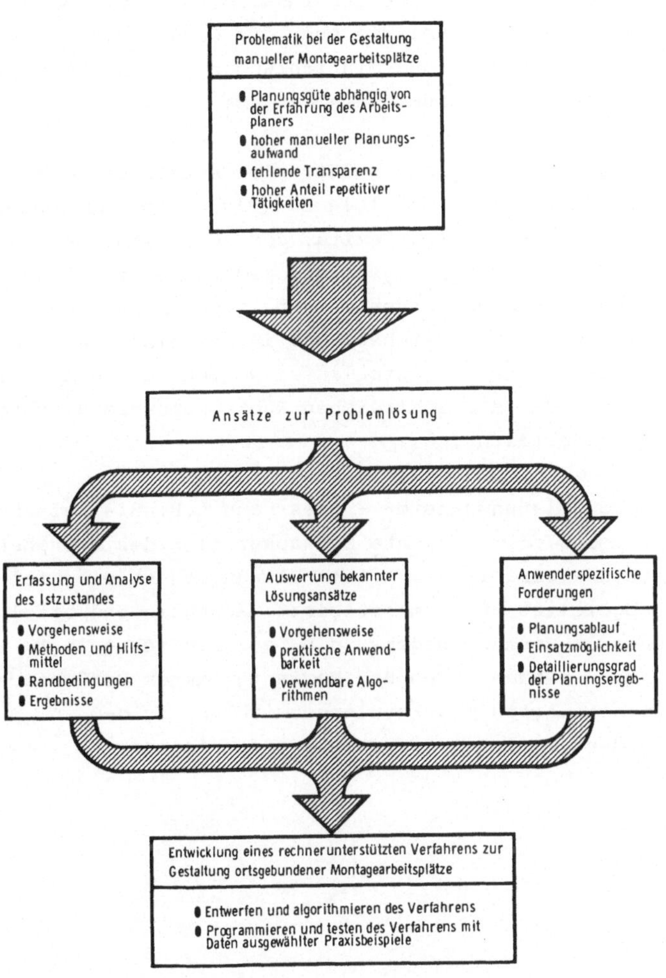

Bild 1: Vorgehensweise für die Entwicklung eines Programmsystems zur rechnerunterstützten Gestaltung ortsgebundener Montagearbeitsplätze

2 Situation der Arbeitsplatzgestaltung

2.1 Ablauf der Montageplanung

Hinsichtlich der zu bearbeitenden Montageaufgabe stehen der Montageplanung als Ausgangsinformation in der Regel die von der Konstruktionsabteilung erstellten Unterlagen wie Zeichnung und Stückliste sowie produktionsbezogene Daten zur Verfügung. Die Planung des Montagesystems beinhaltet als Aufgabenschwerpunkte das Montagepersonal wie auch die Gesamtheit aller Montagemittel, Hilfsmittel und Einrichtungen, die zur Realisierung eines Montageprozesses zusammenwirken /11/.

Der Ablauf der Montageplanung läßt sich entsprechend Bild 2 in fünf zeitlich aufeinanderfolgende Planungsphasen untergliedern. Aufgrund der Komplexität der zu lösenden Aufgabenstellung kann dieser Planungsablauf jedoch nicht als starr vorgegebenes Schema angesehen werden, sondern ist vielmehr als iterativer Prozeß zu verstehen, der in den einzelnen Planungsphasen zum Teil mehrfach durchlaufen werden muß. Dieser Sachverhalt wird durch die zahlreichen Rückkopplungsmöglichkeiten in Bild 2 verdeutlicht.

Ausgehend vom Planungsanstoß - dies kann z.B. die Aufnahme einer neuen Fertigung oder erkannte Schwachstellen des bestehenden Systems sein - wird in der ersten Planungsphase die Zielsetzung abgeleitet und konkretisiert. Anschließend erfolgt die Abgrenzung der Montageaufgabe, d.h. es wird festgelegt, welche Produkte mit welchen Typen und Varianten unter Berücksichtigung der prognostizierten Stückzahlenentwicklung in dem zu planenden Montagesystem gefertigt werden sollen.

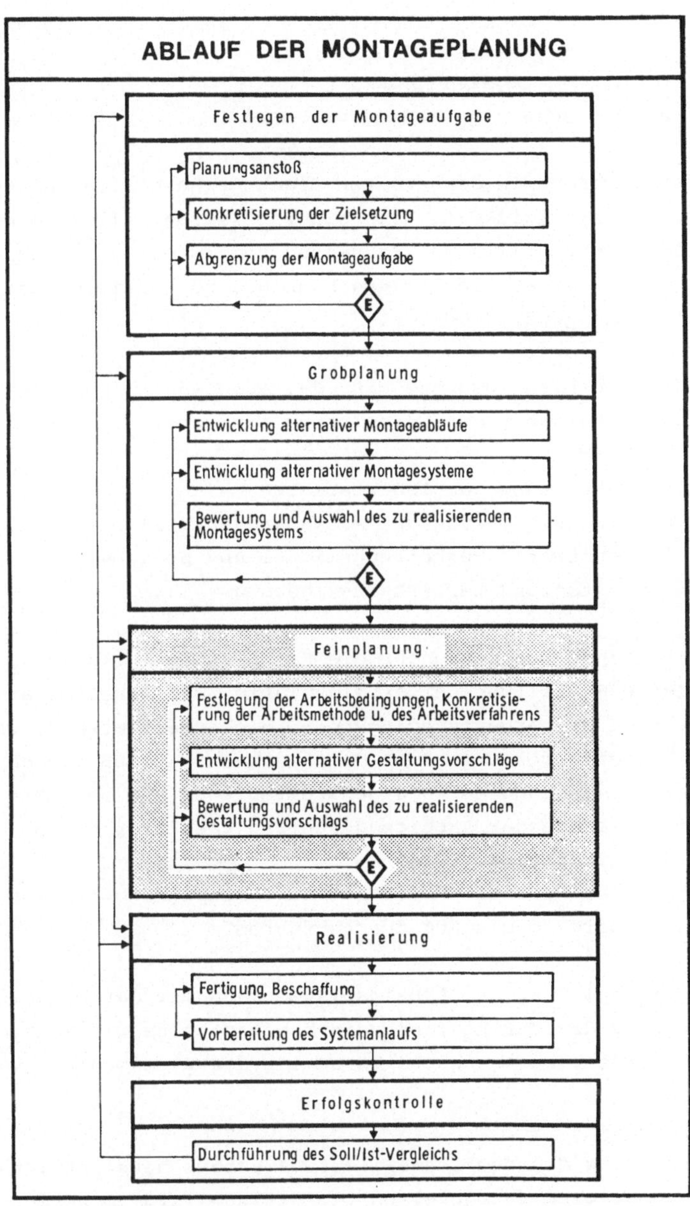

Bild 2: Methodische Vorgehensweise zur Planung eines Montagesystems /12/

Auf der Basis vorläufiger Planungsdaten, z.B.

- o den Montageablauf
- o die Montagezeit oder
- o den Bedarf an Montagepersonal

betreffend, werden in der zweiten Planungsphase alternative Montagesysteme entwickelt. Nach einer Bewertung aller Lösungsvorschläge hinsichtlich der Erfüllung der im ersten Planungsschritt festgelegten Zielsetzung kann die zu realisierende Alternative ausgewählt werden.

In der dritten Planungsphase wird das ausgewählte Montagesystem feingeplant. Aufgaben der Feinplanung sind z.B.:

- o Gestaltung der Arbeitsplätze
- o Dimensionierung und Auswahl eventuell benötigter Verkettungsmittel und Speicher
- o Gestaltung der Arbeitsumgebung

Von wesentlicher Bedeutung für die Feinplanung ist die detaillierte Gestaltung der Arbeitsplätze. Der Arbeitsplaner bestimmt hier die Arbeitsbedingungen, die Arbeitsmethode und das Arbeitsverfahren. Er nimmt damit direkt Einfluß auf den zur Arbeitsausführung notwendigen Zeitaufwand und bestimmt maßgeblich die aus der Arbeitsausführung resultierende Belastung der Mitarbeiter.
Die methodische Vorgehensweise bei der Feinplanung ist analog zur Methode der Grobplanung durchzuführen.

Nach der Feinplanung der Arbeitsplätze kann mit der Bestellung und Fertigung der zur Realisierung benötigten Betriebsmittel begonnen werden. Daran anschließend ist der Systemanlauf vorzubereiten.

Die Überprüfung des neu installierten Systems hinsichtlich der im Planungsstadium festgelegten Zielsetzung wird im Rahmen der Erfolgskontrolle in Form eines Soll/Ist-Vergleichs vorgenommen.

Ergeben sich hier größere Abweichungen insbesondere die Wirtschaftlichkeit des Systems betreffend, kann es notwendig werden, einzelne Planungsschritte bzw. die gesamte Planung noch einmal zu durchlaufen.

Analysiert man den Ablauf der Montageplanung hinsichtlich des Planungsaufwandes in den einzelnen Phasen und der zu erzielenden Ergebnisse inbezug auf die Wirtschaftlichkeit des Montagesystems,so ist festzustellen, daß die Feinplanung der Arbeitsplätze einen großen zeitlichen Aufwand erfordert, gleichzeitig jedoch in hohem Maße zur Wirtschaftlichkeit eines Montagesystems beitragen kann. Die Genauigkeit der Ergebnisse dieser Planungsphase bestimmt letztlich die zur Arbeitsausführung notwendige Zeit und davon abhängig die Montagestückkosten im System. Damit kommt dieser Planungsphase eine immer größer werdende Bedeutung zu.

Aus den genannten Gründen erscheint es sinnvoll und notwendig, die Effektivität bei der Gestaltung ortsgebundener Montagearbeitsplätze zu steigern. Dazu sind Planungshilfsmittel zu entwickeln, die eine Reduzierung des Planungsaufwandes und die Erhöhung der Planungsgenauigkeit ermöglichen. Als Grundlage für die Konzeption solcher Planungshilfsmittel müssen zunächst die im Rahmen der Arbeitsplatzgestaltung auszuführenden Aufgaben analysiert, mögliche Schwachstellen der manuellen Vorgehensweise aufgezeigt und Rationalisierungsansätze für eine Verbesserung diskutiert werden.

2.2 Aufgaben der Arbeitsplatzgestaltung

Der Arbeitsplatz wird als "kleinste räumliche Einheit" bezeichnet, an der Aufgaben erfüllt werden. Er läßt sich charakterisieren durch die drei Elemente Mensch, Arbeitsmittel und Arbeitsgegenstand (Bild 3), die zur Aufgabenerfüllung in einem engen Zusammenhang zueinander stehen /13/.

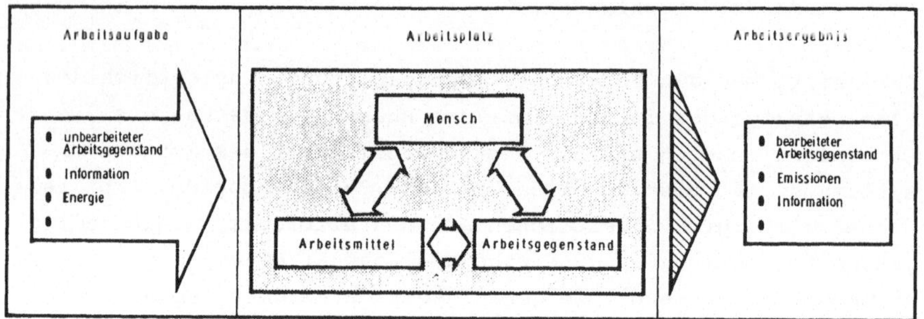

Bild 3: Die Elemente des Arbeitsplatzes

Kasteleiner /14/ bezeichnet als Arbeitsplatzgestaltung z.B. die "Zuordnung der Arbeitsmittel zum Menschen, um diesen eine bestimmte Arbeitsaufgabe erfüllen zu lassen".

Unter Berücksichtigung der in Bild 3 aufgezeigten Elemente eines Arbeitsplatzes kann in Anlehnung an REFA /15/ als Aufgabe der Arbeitsplatzgestaltung auch das Schaffen der Voraussetzungen für ein menschengerechtes und wirtschaftliches Zusammenwirken der menschlichen Arbeitskraft mit den am Arbeitsplatz eingesetzten Arbeitsmitteln und dem zu fertigenden Arbeitsgegenstand verstanden werden.

Als Arbeitsmittel sind hierbei im weitesten Sinne Geräte oder Maschinen zu verstehen, die in irgendeiner Weise daran beteiligt sind die gestellte Arbeitsaufgabe zu erfüllen. Arbeitsgegenstände sind Stoffe oder Güter, die gemäß der Arbeitsaufgabe verändert oder verwendet werden /15/.

Damit ein bestmögliches Zusammenwirken von Mensch, Arbeitsmittel und Arbeitsgegenstand am Arbeitsplatz gewährleistet werden kann, ist es notwendig,

- o die Arbeitsbedingungen
- o die Arbeitsmethode und
- o das Arbeitsverfahren

so gut wie möglich den Fähigkeiten des Menschen anzupassen.

In der Literatur sind nur wenige Beiträge zur Gestaltung der Arbeitsbedingungen zu finden. Die Frage nach der Gestaltungsaufgabe wird hier häufig mit einer großen Anzahl Beispiele beantwortet, die im einzelnen auch die Bereiche Arbeitsplatz, Arbeitsumgebung, Arbeitssicherheit und Unfallschutz tangieren /16/.
Nach REFA /15/ betrifft die Gestaltung der Arbeitsbedingungen schwerpunktmäßig die ergonomische Arbeitsplatzgestaltung mit den in Bild 4 aufgezeigten Teilgebieten. Von wesentlicher Bedeutung für eine menschengerechte Arbeitsplatzgestaltung ist die anthropometrische, physiologische, informationstechnische und sicherheitstechnische Gestaltung der Arbeitsbedingungen anzusehen. Nachfolgend soll deshalb auf die im Rahmen dieser Teilgebiete auszuführenden Gestaltungsaufgaben schwerpunktmäßig eingegangen werden.

Die anthropometrische Arbeitsplatzgestaltung befaßt sich mit der mensch- und tätigkeitsbezogenen, maßlichen Gestaltung von Arbeitsplatz und Arbeitsmittel. Sie ist der wesentliche Hauptbestandteil der ergonomischen Arbeitsplatzgestaltung und bildet die Grundlage, daß alle für einen Arbeitsplatz in Frage kommenden Benutzer annähernd gleichgute maßliche Arbeitsbedingungen vorfinden /17/.

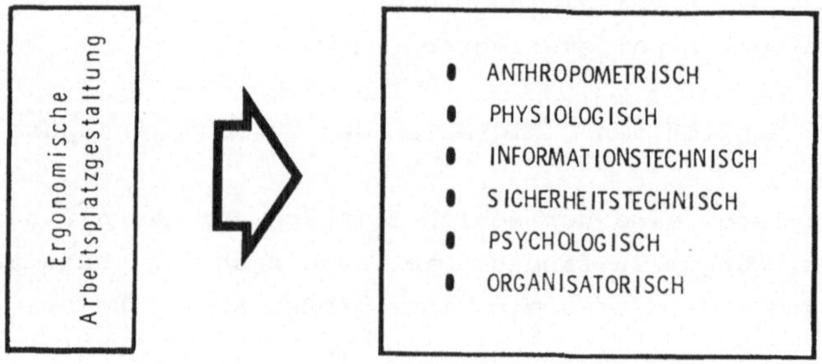

Ergonomische Arbeitsplatzgestaltung

- ANTHROPOMETRISCH
- PHYSIOLOGISCH
- INFORMATIONSTECHNISCH
- SICHERHEITSTECHNISCH
- PSYCHOLOGISCH
- ORGANISATORISCH

Bild 4: Teilgebiete der ergonomischen Arbeitsplatzgestaltung /15/

Als Aufgabe der physiologischen Arbeitsplatzgestaltung kann das Schaffen von Arbeitsbedingungen verstanden werden, die dazu beitragen, den Wirkungsgrad der menschlichen Arbeit zu verbessern und gleichzeitig die aus der Arbeitsausführung resultierende Belastung des Menschen zu minimieren.

Als wesentliche Aufgabe der informationstechnischen Arbeitsplatzgestaltung muß die ergonomisch richtige Gestaltung der Sehbedingungen sowie der optischen Informationsträger (Anzeigegeräte) angesehen werden, da jeder Entscheidung und Handlung des Menschen in der Regel eine Informationsaufnahme vorangeht. Wichtigstes Sinnesorgan zur Informationsaufnahme ist dabei das Auge. Weitere Gestaltungsschwerpunkte können sich abhängig von der Gestaltungsaufgabe im Bereich der Informationsaufnahme durch das Ohr sowie durch Tasten bzw. Fühlen ergeben.

Die sicherheitstechnische Arbeitsplatzgestaltung umfaßt alle Maßnahmen, die erforderlich sind, um Schädigungen der Gesundheit z.B. durch Unfall oder Berufskrankheiten am Arbeitsplatz auszuschließen.

Im Rahmen der Arbeitsmethodengestaltung legt der Arbeitsplaner

- o den Montageablauf
- o die Arbeitsplatzausrüstungselemente (z.B. Vorrichtung, Werkzeuge, Teilebehälter) sowie
- o die Anordnung dieser Arbeitsplatzausrüstungselemente zueinander

fest. Er bestimmt damit im wesentlichen, welche Arbeitsbewegungen von dem am Arbeitsplatz tätigen Mitarbeiter zur Ausführung einer Montageaufgabe notwendig sind und nimmt damit Einfluß sowohl auf die Belastung des Mitarbeiters als auch auf den zur Arbeitsausführung notwendigen Zeitaufwand. Hieraus resultiert das Ziel der Arbeitsmethodengestaltung, den zur Arbeitsausführung erforderlichen Bewegungsablauf so festzulegen, daß sich ein minimaler Montagezeitaufwand und eine möglichst geringe Belastung des Mitarbeiters bei gleichzeitig hoher Arbeitsqualität ergibt /18/.

Die Entwicklung derartiger Arbeitsmethoden erfordert vom Arbeitsplaner ein systematisches Vorgehen bei dem im allgemeinen mehrere alternative Arbeitsabläufe entwickelt, bewertet und in einem iterativen Gestaltungsprozeß so lange verändert werden müssen, bis sich die aus Sicht des Planers günstigste Lösung ergibt. Damit kann erreicht werden, daß z.B. unnötige Bewegungen vermieden und schwierig auszuführende Bewegungen in einfachere übergeführt werden.In diesem Zusammenhang muß auch die Einbeziehung der Grundregeln zur Bewegungsablaufgestaltung wie z.B. Bewegungsvereinfachung oder Bewegungsverdichtung gesehen werden,deren charakteristische Prinzipien in Bild 5 aufgezeigt sind.Außerdem ermöglicht ein solches Vorgehen die Festlegung gleichmäßig belastender,rhythmischer Bewegungsfolgen, die sich positiv sowohl inbezug auf die Belastung des Mitarbeiters als auch auf den zur Montage erforderlichen Zeitaufwand auswirken.

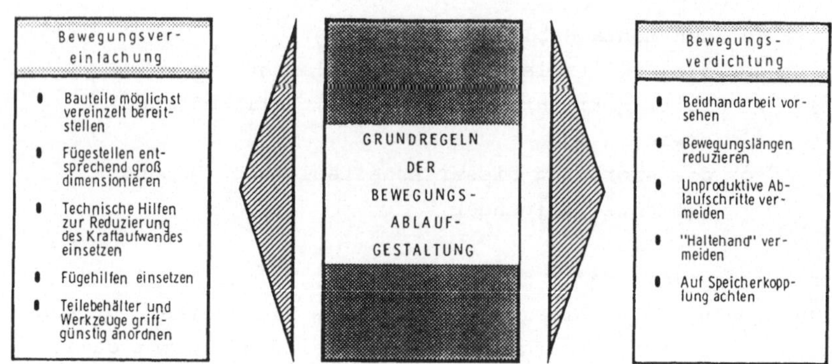

Bild 5: Charakteristische Prinzipien zur Bewegungsvereinfachung und Bewegungsverdichtung /19/

Während z.B. der Schwerpunkt der Bewegungsvereinfachung im Schaffen von Arbeitserleichterungen liegt, ist die Bewegungsverdichtung immer im Zusammenhang mit Maßnahmen zu sehen, die eine Verringerung des physischen und zeitlichen Arbeitsaufwandes zum Ziel haben.

Neben der Gestaltung der Arbeitsbedingungen und der Arbeitsmethode beeinflußt das Arbeitsverfahren wesentlich die Gegebenheiten am Arbeitsplatz. Analog der Arbeitsmethodengestaltung muß der Arbeitsplaner in einem iterativen Vorgang das unter Berücksichtigung technischer und wirtschaftlicher Gesichtspunkte günstigste Arbeitsverfahren bestimmen.

Vom zeitlichen Ablauf der Planung erscheint es sinnvoll, die Gestaltung des Arbeitsverfahrens in Zusammenarbeit mit der Konstruktionsabteilung vor oder im Verlauf der Methodengestaltung vorzunehmen, da sich eine gegenseitige Beeinflussung der beiden Gestaltungsparameter ergeben kann.

2.3 Manuelle Vorgehensweise zur Gestaltung von Montagearbeitsplätzen

Bild 6 zeigt den Ablauf der manuellen Vorgehensweise zur Gestaltung von Montagearbeitsplätzen.

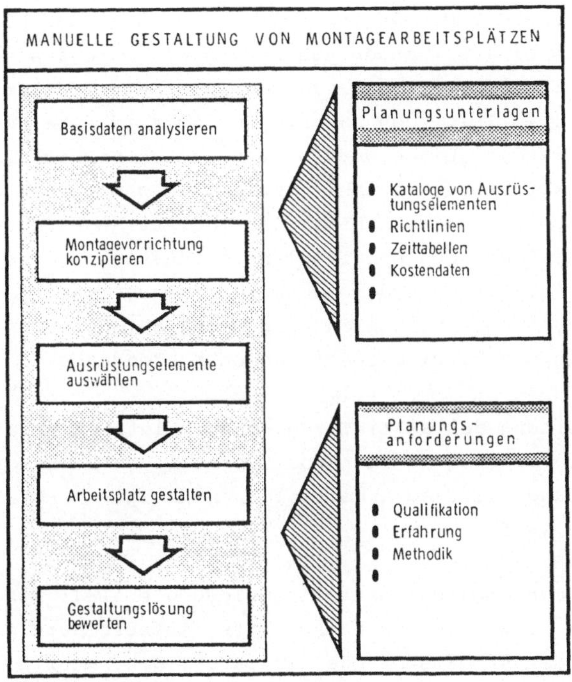

Bild 6: Manuelle Vorgehensweise zur Gestaltung von Montagearbeitsplätzen

Ausgehend von den Ergebnissen der Grobplanungsphase müssen in einem ersten Arbeitsschritt die Basisdaten des zu realisierenden, prinzipiellen Lösungsvorschlages analysiert und gegebenenfalls durch weitere, für die Arbeitsplatzgestaltung relevante Gestaltungsparameter ergänzt werden.

Im Anschluß daran kann die eigentliche Gestaltung des Arbeitsplatzes erfolgen. Der Arbeitsplaner beginnt in der Regel mit der Konzeption der Montagevorrichtung und der Auswahl der am Arbeitsplatz einzusetzenden Ausrüstungselemente aus den entsprechenden Betriebsmittelkatalogen. Der Begriff Ausrüstungselement soll im folgenden synonym zum Begriff Arbeitsmittel verstanden werden. Diese werden im nächsten Arbeitsschritt unter Berücksichtigung technischer und ergonomischer Gestaltungsrichtlinien am Arbeitsplatz derart angeordnet, daß sich die aus Sicht des Arbeitsplaners günstigste Arbeitsmethode ergibt. Die Überprüfung der Gestaltungsergebnisse hinsichtlich Montagezeitaufwand und Kosten wird meist auf der Grundlage von Zeittabellen und betriebsspezifischen Kostendaten durchgeführt.

Zur Vorbereitung der Realisierung muß im letzten Arbeitsschritt eine bemaßte Draufsicht des Arbeitsplatzlayouts und eine Zusammenstellung aller am Arbeitsplatz benötigten Arbeitsmittel angefertigt werden.

Damit eine bestmögliche Gestaltungslösung erzielt werden kann, sollten die einzelnen Arbeitsschritte, insbesondere jedoch die Festlegung der Arbeitsmethode, iterativ, d.h. mehrfach durchlaufen und verbessert werden. Ein solches iteratives Vorgehen erfordert jedoch einen hohen Zeitaufwand zur Problemlösung.

Analysiert man in diesem Zusammenhang die Situation in den entsprechenden Fachabteilungen der Betriebe, so ist festzustellen, daß diese sehr häufig durch einen hohen Termindruck bei der Projektbearbeitung gekennzeichnet ist, bedingt durch eine Vielzahl parallel auszuführender Verwaltungs- und Planungsaufgaben.

Gründe dafür sind z.B. in der in immer kürzer werdenden Abständen vom Markt geforderten Anpassung der Produkte zu sehen. Jede Veränderung eines Produkts bedeutet in der Regel eine Modifikation bzw. Neuplanung der davon betroffenen Montagearbeitsplätze. Damit wird deutlich, daß der Arbeitsplaner vor Ort aus zeitlichen Gründen oft nicht in der Lage ist, durch ein iteratives Vorgehen eine bestmögliche Lösung für das anstehende Gestaltungsproblem zu finden.

Die Projektbearbeitung wird in vielen Planungsabteilungen noch erschwert durch einen akuten Mangel an qualifiziertem Planungspersonal. Hinzu kommt, daß die Planungskomplexität aufgrund einer Vielzahl neu zu berücksichtigender Gesetze und Vorschriften - insbesondere den arbeitswissenschaftlichen Bereich betreffend - permanent zunimmt.

Um eine Verbesserung der beschriebenen Situation auf diesem Gebiet der Arbeitsplanung zu erreichen, ergibt sich daraus zwangsläufig die Forderung nach der Einleitung umfassender Rationalisierungsmaßnahmen.

2.4 Möglichkeiten zur Rationalisierung der manuellen Gestaltung von Montagearbeitsplätzen

Die manuelle Vorgehensweise bei der Gestaltung von Montagearbeitsplätzen macht deutlich, daß die zu erzielende Qualität der Planungsergebnisse und der zeitliche Planungsaufwand einerseits von der Qualifikation der Arbeitsplaner, andererseits aber auch in hohem Maße von den zur Verfügung stehenden Planungsmethoden und Planungsunterlagen abhängt.

Als erster Ansatzpunkt zur Rationalisierung bei der Arbeitsplatzgestaltung erscheint es aus den genannten Gründen sinnvoll eine Systematisierung des Planungsprozesses vorzunehmen. Dazu sind Planungsmethoden zu entwickeln und einzuführen, die eine leicht reproduzierbare Problemlösung ermöglichen. Darüber hinaus müssen alle zum Planungsablauf erforderlichen Planungsunterlagen systematisch aufgebaut und dokumentiert werden. Mit der Realisierung der aufgezeigten Maßnahmen läßt sich erreichen, daß unabhängig vom jeweiligen Arbeitsplaner objektive, leicht reproduzierbare Gestaltungslösungen in der geforderten Planungsgenauigkeit erstellt werden können.

Eine weitere Steigerung der Effektivität von Planungsmaßnahmen bei der Arbeitsplatzgestaltung kann durch den Einsatz der elektronischen Datenverarbeitung erreicht werden. Der Rationalisierungserfolg ist hier jedoch in hohem Maße von der Benutzerfreundlichkeit der eingesetzten Rechner-Software abhängig.

Durch den Einsatz entsprechend konzipierter EDV-Programm-Systeme lassen sich eine Vielzahl der bei der Arbeitsplatzgestaltung auszuführenden Arbeitsaufgaben teilweise oder vollständig auf den Rechner übertragen. Für die Beurteilung welche Aufgaben günstiger vom Rechner bzw. vom Arbeitsplaner auszuführen sind, ist es notwendig, Kriterien wie z.B.

- Algorithmierbarkeit
- Zeitaufwand für die Datensuche
- Zugriffshäufigkeit auf die Daten

in die Überlegungen miteinzubeziehen.

Bild 7 zeigt eine Zusammenstellung wichtiger Aufgaben der Arbeitsplatzgestaltung und ihre Bewertung hinsichtlich einer bevorzugten Ausführbarkeit durch den Rechner und/oder Arbeitsplaner.

Dabei ist festzustellen, daß Arbeitsaufgaben wie z.B. die formale Berechnung der Greifraumabmessungen oder die Erstellung einer bemaßten Draufsicht des Arbeitsplatzlayouts algorithmierbar sind und somit vollständig vom Rechner ausgeführt werden können. Auch Aufgaben wie die Auswahl von Universalbetriebsmitteln oder die Anordnung von Greifbehältern und Werkzeugen am Arbeitsplatz sind im wesentlichen algorithmierbar. Eine umfassende Bearbeitung dieser Arbeitsschritte kann jedoch den Eingriff des Planers in den Programmablauf notwendig machen. Aufgaben, die Kreativität erfordern wie die Konzeption von Sonderbetriebsmitteln (z.B. Vorrichtungen) müssen jedoch vorwiegend vom Planer ausgeführt werden. Allerdings ist auch bei der Bearbeitung solcher Planungsaufgaben eine EDV-Unterstützung z.B. für die Ausführung konstruktiver Berechnungen oder die Erstellung von Zeichnungen mit Hilfe problemangepaßter CAD-Programmsysteme möglich /20/.

ARBEITSPLATZGESTALTUNG IN DER MONTAGE		Arbeitsschritte vorzugsweise ausführen: durch den Rechner	im Dialog Rechner/ Arbeitsplaner	durch den Arbeitsplaner
Betriebsmittelauswahl	Universalbetriebsmittel		●	
	Sonderbetriebsmittel			●
Arbeitsplatzmaße	Greifraum,	●		
	Arbeitsflächenhöhe,		●	
	Sehraum		●	
Betriebsmittelanordnung	Teilebehälter,		●	
	Werkzeuge,		●	
	Vorrichtungen			●
Montagezeit	Vorgabezeit		●	
Arbeitsplatzlayout	bemaßte Draufsicht	●		
	räumliche Darstellung	●		
Montagekosten	Investitionskosten,	●		
	Lohnkosten		●	

Legende: ● ausführbar

Bild 7: Bewertung von Aufgaben der Arbeitsplatzgestaltung hinsichtlich einer möglichen Ausführbarkeit durch den Rechner bzw. Arbeitsplaner

Da nicht alle Aufgaben der Arbeitsplatzgestaltung vollständig auf den Rechner übertragen werden können, läßt sich die Bearbeitung der anstehenden Planungsaufgaben nur dann sinnvoll rechnerunterstützt durchführen, wenn der Arbeitsplaner die Möglichkeit erhält, den Planungsablauf durch eigene Entscheidungen z.B. im Dialog mit dem Rechner zu beeinflussen. Dazu ist es erforderlich, eine benutzerfreundliche Kommunikationsmöglichkeit zwischen Rechner und Arbeitsplaner z.B. in Form von Bildschirmterminals zur Verfügung zu stellen.

Aus den genannten Gründen ergibt sich als Ziel der Rationalisierungsmaßnahmen bei der Gestaltung ortsgebundener Montagearbeitsplätze die Entwicklung und Einführung eines EDV-Programmsystems, das dem Arbeitsplaner erlaubt, die bei der Arbeitsplatzgestaltung anstehenden Planungsaufgaben im Dialog mit dem Rechner auszuführen.

Beim Einsatz eines solchen Planungshilfsmittels ergeben sich Vorteile für die Arbeitsplanung hinsichtlich einer höheren Flexibilität bei der Bearbeitung von Planungsaufgaben, einer besseren Transparenz und Reproduzierbarkeit der Planungsergebnisse sowie einer höheren Planungsgenauigkeit. Die Übertragung von Routinetätigkeiten auf den Rechner ermöglicht eine zeitliche Reduzierung des Planungsaufwandes. Damit kann erreicht werden, daß hochqualifizierte Mitarbeiter der Arbeitsplanung von Wiederholtätigkeiten befreit werden, so daß mehr Zeit verbleibt, den immer größer werdenden Anteil kreativer Tätigkeiten besser zu bewältigen.

Da der manuelle Vorbereitungsaufwand für die Bearbeitung eines Gestaltungsproblems mit Hilfe eines solchen Programmsystems relativ gering ist, kann dieses bereits in der Konstruktionsphase eines Erzeugnisses eingesetzt werden. Dabei lassen sich wertvolle Erkenntnisse für eine montagegerechte Konstruktion gewinnen.

2.5 Stand der Forschung

Auf dem Gebiet der Arbeitsplatzgestaltung wurden in den letzten Jahren vor allem in den USA und Großbritannien mehrere Programme und Informationssysteme zur Zeit- und Methodenanalyse entwickelt, mit dem Ziel, den Arbeitsplaner bei der Konzeption und Bewertung von Montagearbeitsplätzen zu unterstützen. Diese lassen sich funktionell betrachtet in 2 Gruppen unterteilen:

- o Information-Retrieval-Systeme
- o Systeme zur rechnerunterstüzten Zeit- und Methodenanalyse

Ein wesentlicher Unterschied dieser beiden Systemkategorien ergibt sich aus der Art der Analysenerstellung. Während bei den Information-Retrieval-Systemen die Analyse der Arbeitsabläufe vollständig manuell erstellt werden muß,ist bei den Systemen zur rechnerunterstützen Zeit- und Methodenanalyse meist eine verbale Beschreibung der maschinell zu analysierenden Arbeitsgänge ausreichend. Auch die erstmalige Analyse von Arbeitsabläufen muß bei solchen Systemen nicht mehr manuell erstellt werden.

Die bekanntesten Programme und Informationssysteme sollen im folgenden kritisch betrachtet werden.

2.5.1 Information-Retrieval-Systeme

Information-Retrieval-Systeme /21/ werden bei der Arbeitsplatzgestaltung hauptsächlich zur Auswertung manuell, auf der Basis der Systeme vorbestimmter Zeiten /22/ erstellter Zeit- und Methodenanalysen eingesetzt.

In Deutschland wird z.B. das System MEVA /23/ angeboten. Die Zeit- und Methodenanalysen müssen bei der Anwendung dieses Systems vom Arbeitsplaner manuell auf der Basis des MTM-2 Systems /24/ erstellt und in den Rechner eingegeben werden. Programmintern werden dann unter Zuhilfenahme einer MTM-2 Datei, die sich aus der Analyse ergebenden Zeiten ermittelt und anschließend die vollständigen Analysen ausgegeben. Parallel dazu erfolgt die Abspeicherung der gesamten Analysen in einer speziellen Datei mit dem Ziel, daß bei der Erstellung neuer Analysen, die sich nur geringfügig von den bereits erstellten unterscheiden, die Eingabe der Änderungsdaten ausreicht, um die neuen Ergebnisse zu erhalten.

Insgesamt betrachtet erspart dieses System also nur das Nachschlagen der Zeitwerte in Tabellen, schaltet Fehler bei arithmetischen Operationen aus und erstellt Analysen auf der Basis bereits gespeicherter Analysen, die in jedem Fall beim ersten Mal vom Arbeitsplaner manuell ermittelt werden müssen.

In den USA wurden ähnliche Informationssysteme entwickelt. Zu nennen ist z.B. das System AUTORATE /25/. Im Gegensatz zu den bereits genannten Entwicklungen bietet dieses System einen höheren Benutzerkomfort, ohne daß allerdings der Nachteil der manuellen Analysen-Erstellung entfällt. Die Kosten, die für das Ablochen der umfangreichen Eingabedaten, für die Berechnung der Analyseergebnisse und für die Dateierstellung- und -verwaltung anfallen, sind hier meist nicht wesentlich geringer als die Kosten einer Analyse, die manuell durchgeführt wurde.

2.5.2 Systeme zur rechnerunterstützten Zeit- und Methodenanalyse

Neuere Entwicklungen wie z.B. die Programmsysteme ARMAN /26/ WOCOM /27/, AMAS /28/ oder AUTOMAT /29/ erlauben es dem Anwender neben der Funktion des "information retrieval" vor allem Zeit- und Methodenanalysen aber auch die Ausführung von Gestaltungsaufgaben mit EDV-Unterstützung durchzuführen. Der Arbeitsplaner braucht bei Anwendung eines der genannten Systeme auch die erstmalige Analyse von Arbeitsabläufen nicht mehr manuell erstellen.

Da AUTOMAT die neueste Entwicklung und gleichzeitig auch das System mit der größten Programmflexibilität und Benutzerfreundlichkeit darstellt, soll seine Konzeption im folgenden kurz beschrieben werden.

Für die Erstellung einer Zeit- und Methodenanalyse wird bei diesem System eine verbale Beschreibung der maschinell zu analysierenden Arbeitsgänge in den Rechner eingegeben. Diese Beschreibung kann auch Elemente enthalten, die z.B. auf dem MTM-2-System oder den MTM-Standarddaten basieren.

Zusätzlich sind Angaben über die verwendeten Werkzeuge und Bauteile erforderlich. Um den hierbei anfallenden Beschreibungsaufwand so gering wie möglich zu halten, ist es betriebsspezifisch möglich, auf teilpermanente Werkzeug- bzw. Bauteildateien zurückzugreifen.

Neben der Erstellung von Zeit- und Methodenanalysen ermöglicht das Programm AUTOMAT die Konzeption eines vereinfachten Arbeitsplatzlayouts für manuelle Montagearbeitsplätze. Dazu wird in einem ersten Arbeitsschritt der für die Anordnung von Ausrüstungselementen programmintern fest vorgegebene Arbeitsraum von der Programmlogik abgerufen. Dieser Arbeitsraum ist in eine genau festgelegte Anzahl gleichgroßer Quader unterteilt, deren räumliche Position bezogen auf das Arbeitszentrum fest vorgegeben ist. Für die Reihenfolge in der diese Quader bei der Layoutgestaltung nacheinander mit Ausrüstungselementen belegt werden müssen, steht programmintern ein entsprechend konzipierter Suchalgorithmus zur Verfügung. Dabei wird unterschieden, ob der Arbeitsplatz für Rechts- oder Linkshänder oder für Beidhandarbeit ausgelegt werden soll.

Als Ergebnis der Layoutgestaltung erhält der Programmanwender eine zweidimensionale Darstellung des Arbeitsraumes in der die Lage der Ausrüstungselemente mittels Symbolen oder durch einen beschreibenden Text gekennzeichnet ist.

Das Automat-System kann sowohl im Batch- als auch im Dialogbetrieb eingesetzt werden.

2.6 Aufgabenstellung

Die zum Stand der Technik beschriebenen Programmsysteme wurden fast ausschließlich mit dem Ziel entwickelt, Zeit- und Methodenanlysen auf der Basis der Systeme vorbestimmter Zeiten rechnerunterstützt durchführen zu können.

Nur wenige dieser Programme ermöglichen die Bearbeitung weiterer Aufgaben der Arbeitsplatzgestaltung wie z.B. die Bestimmung der am Arbeitsplatz einzusetzenden Ausrüstungselemente oder deren Anordnung im Greifraum. Aufgrund des Zeitaufwandes für die Bearbeitung solcher Gestaltungsaufgaben wäre jedoch hier eine Entlastung des Arbeitsplaners z.B. durch die Übertragung routinemäßig auszuführender Tätigkeiten auf dem Rechner als wünschenswert zu erachten. Ansätze zur Problemlösung wurden, wie die Entwicklung z.B. des Programmsystems AUTOMAT zeigt, bereits unternommen. Bei allen bisher bekannten Programmsystemen sind jedoch insbesondere die Layoutgestaltung betreffend Schwachstellen festzustellen.

So bietet z.B. keines der genannten Systeme die Möglichkeit die räumliche Dimensionierung des menschlichen Greifraums abhängig von der am Arbeitsplatz vorwiegend tätigen Mitarbeitergruppe - man unterscheidet hier in die Größenbereiche Mann, Frau, Mann und Frau - vorzunehmen. Die räumliche Dimensionierung des Greifraumes ist jedoch entscheidend für die Art und Anzahl der auf dem Arbeitstisch zu plazierenden Ausrüstungselemente. Außerdem bietet kein System die Möglichkeit, die zur Bereitstellung von Bauteilen benötigten Teilebehälter nach Art, Geometrie und Kombinierbarkeit in den Anordnungsalgorithmus einzubeziehen. Ohne Berücksichtigung dieser Behälterdaten ist es jedoch nicht möglich, deren Anordnung im Greifraum in der zur Zeitermittlung erforderlichen Plaziergenauigkeit auszuführen.

Weitere im Rahmen der Arbeitsplatzgestaltung nur mit einem hohen Zeit- und Kostenaufwand auszuführende Arbeitsaufgaben wie die Erstellung einer räumlichen Ansicht des Arbeitsplatzes oder die Erstellung einer bemaßten Draufsicht des Arbeitsplatzlayouts lassen sich mit den vorhandenen Systemen ebensowenig erstellen wie die Ermittlung der zur Beurteilung der Wirtschaftlichkeit eines Arbeitsplatzes erforderlichen Lohnkosten, Investitionsausgaben und Montagekosten.

Aufgrund der voranstehend aufgeführten Analysen ergibt sich als Schwerpunkt der vorliegenden Arbeit die Entwicklung und EDV-technische Realisierung eines Algorithmus für die "optimale" Anordnung von Teilebehältern im Greifraum. Optimal soll hier im Sinne einer Minimierung des zur Arbeitsausführung erforderlichen Zeitaufwandes verstanden werden. Dieser Algorithmus ist so zu konzipieren, daß neben behälterspezifischen Daten - insbesondere deren Geometrie und Kombinierbarkeit betreffend - auch technische und ergonomische Gestaltungskriterien berücksichtigt werden können.

Die Anordnung von Teilebehältern im Greifraum darf jedoch nicht unabhängig von den anderen, im Rahmen der Arbeitsplatzgestaltung auszuführenden Aufgaben wie z.B. der Erstellung einer Zeit- und Kostenanalyse oder der graphischen Dokumentation der Planungsergebnisse gesehen werden. Ein weiteres Ziel der vorliegenden Arbeit ist deshalb die Integration des genannten Algorithmus in ein Programmsystem, das die rechnerunterstützte Bearbeitung auch solcher Planungsaufgaben ermöglicht. Die dazu erforderlichen Programm-Moduln sind ebenfalls zu entwickeln und EDV-technisch zu realisieren.

3 Beschreibung der wichtigsten Programmfunktionen und ihrer Algorithmen

Die vom Programmanwender zu Beginn des Planungsablaufs vorzunehmende Beschreibung der Montageaufgabe bildet die Grundlage für die im Dialog mit dem Rechner auszuführenden Gestaltungsvorgänge. In den folgenden Ausführungen sollen die wichtigsten dazu erforderlichen Programmfunktionen wie

- Bestimmung der am Arbeitsplatz benötigten Ausrüstungselemente
- Anordnung der Teilebehälter im Greifraum

näher erläutert werden.

3.1 Bestimmung der am Arbeitsplatz benötigten Ausrüstungselemente

Die Bestimmung der am Arbeitsplatz benötigten Ausrüstungselemente stellt hinsichtlich des Planungsablaufs den ersten Arbeitsschritt der rechnerunterstützten Arbeitsplatzgestaltung dar. Der Arbeitsplaner hat die Aufgabe, die zur Bearbeitung einer Montageaufgabe günstigsten Ausrüstungselemente unter Berücksichtigung der zuvor festgelegten Planungsdaten auszuwählen.

Da das Programmsystem ARPLA* für die Gestaltung ortsgebundener Montagearbeitsplätze konzipiert wurde, lassen sich die zur Installation eines solchen Arbeitsplatzes notwendigen Ausrüstungselemente nach /41/ wie folgt gliedern:

---

* Arbeitsplatzgestaltung

o Behälter zur Bereitstellung von Bauteilen
o Einfachwerkzeuge zur Ausführung von Montagetätigkeiten (z.B. Schraubendreher, Zange usw.)
o elektrisch oder pneumatisch angetriebene Werkzeuge (z.B. Elektroschrauber, Tischpressen)
o Sonderwerkzeuge und Vorrichtungen
o Werkstattmöbel (z.B. Arbeitstische, Arbeitsstühle, Fußstützen)

Aus Gründen einer schnellen und einfachen Programmanwendbarkeit bietet es sich an, die gebräuchlichsten, am Markt erhältlichen Typen und Varianten der genannten Ausrüstungselemente in entsprechend konzipierten Dateien bereitzustellen. Um einzelne Elemente gemäß den zur Durchführung einer Montageaufgabe gestellten Anforderungen aus diesen Dateien auswählen zu können, ist es zweckmäßig, diese zu codieren und durch charakteristische Daten und Merkmale zu beschreiben. Für eine umfassende Beschreibung der Elemente sind neben anwendungsorientierten Informationen - dazu gehören z.B. Angaben hinsichtlich Abmessungen oder Einsatzmöglichkeiten - auch kostenorientierte Daten von Bedeutung, damit auch solche Kriterien bei deren Auswahl berücksichtigt werden können.

Die Bestimmung der am Arbeitsplatz benötigten Ausrüstungselemente wird mit Hilfe des Rechners durch Abgleich der vom Programmanwender vorgegebenen Anforderungen an die benötigten Elemente mit den dateiintern gespeicherten Beschreibungsmerkmalen vorgenommen.

Sonderwerkzeuge und Vorrichtungen, die nur für eine bestimmte Montageaufgabe benötigt werden, müssen in der Regel vom Arbeitsplaner in Zusammenarbeit mit der Vorrichtungskonstruktion und dem Werkstattbereich entwickelt werden. Solche Ausrüstungselemente können derzeit aufgrund ihrer besonderen Merkmale noch nicht rechnerunterstützt ermittelt werden. Mit der Entwicklung problemangepaßter CAD-Programmsysteme ist jedoch auch hier eine Aufgabenbearbeitung im Dialog mit dem Rechner vorstellbar.

Von den genannten Ausrüstungselementen werden Teilebehälter zahlenmäßig am häufigsten für die Gestaltung eines Arbeitsplatzes benötigt. Deren Auswahl kommt deshalb besondere Bedeutung zu.

Abhängig vom Arbeitsvorrat - darunter ist die am Arbeitsplatz zu lagernde Teilemenge zu verstehen - muß für jedes Bauteil ein Teilebehälter bestimmt werden, dessen Fassungsvermögen mindestens der zu lagernden Teilemenge entspricht. Als Auswahlkriterien werden in der Regel das Volumen der zu lagernden Teilemenge oder die maximale Bauteillänge verwendet.

Während die Teilebehälterauswahl nach dem Kriterium "Bauteillänge" vom Arbeitsplaner mit der geforderten Genauigkeit durchzuführen ist, kann die Bestimmung des Behältervolumens nur auf der Basis grober Schätzwerte vorgenommen werden. Die wesentlichsten Gründe dafür sind darin zu sehen, daß neben dem Arbeitsvorrat und den Abmessungen der zu lagernden Bauteile auch die Behälterform- und -größe bei der Volumenbestimmung berücksichtigt werden müssen.Aufgrund der Vielzahl der zu beachtenden Einflußparameter wäre der Zeitaufwand für eine hinreichend genaue Bestimmung des Behälter-Fassungsvermögens auf manueller Basis zu groß.

Für die Lösung der angesprochenen Problematik wurde deshalb in der vorliegenden Arbeit ein Algorithmus entwickelt, der die Einbeziehung aller vorgenannten Einflußparameter bei der Bestimmung des Behälterfassungsvermögens mit Hilfe der EDV ermöglicht.
Grundgedanke für die Entwicklung dieses Algorithmus ist folgender: Ausgehend von einer idealisierten Bauteilform soll zunächst das theoretische Behälterfassungsvermögen errechnet werden. Im nächsten Schritt ist die Abweichung der

idealisierten von der tatsächlichen Bauteilform in Form eines Korrekturfaktors zu bestimmen.Die Abweichung des rechnerisch ermittelten Behälterfassungsvermögens von dem mittels empirischer Versuche zu bestimmenden tatsächlichen Behälterfassungsvermögen bildet dann in Verbindung mit dem vorgenannten Bauteil-Korrekturfaktor die Basis für eine rechnerische Ermittlung des tatsächlichen Behälterfassungsvermögens. Dies soll im folgenden beschrieben werden.

3.1.1 Theoretische Ermittlung des Fassungsvermögens von Teilebhältern mit Hilfe eines Kugelmodells

Bei der Ermittlung des Fassungsvermögens von Teilebehältern kann als Lagerzustand der Montageteile vom Bunkern ausgegangen werden. Nach /30/ bedeutet Bunkern eine ungeordnete Speicherung von Teilen in Teilebehältern zur Vorratsbildung vor, bei und nach Wirkstellen.
Betrachtet man das Werkstückverhalten beim Bunkern, welches in Bild 8 dargestellt ist, so ist zu erkennen, daß das Schüttgut die dichteste Belegung im ungeordneten Verband einnimmt.

Werkstücktyp / Werkstückzustand	Wirrteile	Flachteile	Blockteile	Zylinderteile	Hohlteile	Zusammengesetzte Teile	Unregelmäßige Teile	Schüttgut
Im Verband geordnet								
Im Verband ungeordnet								

Bild 8: Werkstückverhalten beim Magazinieren und Bunkern /30/

Für die Modellentwicklung geht man idealisiert davon aus, daß dieses Schüttgut nur aus (Vergleichs-) Kugeln eines bestimmten Durchmessers besteht und diese in Form einer dichtesten Kugelpackung angeordnet sind. Dabei entspricht das Volumen einer Vergleichskugel (V_K) dem Volumen eines Montageteils (V_T). Aufgrund dieser Beziehung kann nun das theoretische Behälterfassungsvermögen d.h. die Anzahl Vergleichskugeln,die der entsprechende Behälter faßt, berechnet werden. Eine detaillierte Beschreibung der hierbei gewählten Vorgehensweise ist im Anhang A1 aufgezeigt.
Die Abweichung der tatsächlichen Bauteilform von der idealisierten Kugelform läßt sich in Anlehnung an /31, 32/ mit Hilfe eines sogenannten "Körperproportionalfaktors" bestimmen. Dieser Körperproportionalfaktor drückt das Verhältnis der maximalen Ausdehnung des Bauteils in der Länge bzw. Breite und der minimalen Ausdehnung des Bauteils in der Höhe zu dem Durchmesser der Vergleichskugel aus.

Sei

l_{max} = maximale Ausdehnung des Bauteils in der Länge bzw. Breite

l_{min} = minimale Ausdehnung des Bauteils in der Höhe

d_k = Durchmesser der Vergleichskugel,

dann ist der Körperproportionalfaktor

$$k_p = \frac{l_{max} \cdot l_{min}}{d_k^2} \qquad (1)$$

Nimmt man an, daß das Bauteilvolumen V_T dem Volumen der Vergleichskugel V_K entspricht, dann wird der Durchmesser der Vergleichskugel zu

$$d_k = \sqrt[3]{\frac{6 \cdot V_T}{\pi}} \qquad (2)$$

Damit ergibt sich k_p zu

$$k_p = \frac{l_{max} \cdot l_{min}}{\left(\sqrt[3]{\frac{6 \cdot V_T}{\pi}}\right)^2} \qquad (3)$$

Unter Zuhilfenahme des Körperproportionalfaktors kann man rechnerisch die Abweichung des idealisierten, auf der Basis des Kugelmodells ermittelten Behälterfassungsvermögens vom tatsächlichen Fassungsvermögen mit den entsprechenden Montageteilen als prozentualer Zu- bzw. Abschlag ermitteln. Voraussetzung dafür ist allerdings, daß diese Abweichung zunächst mittels empirischer Untersuchungen bestimmt und in Form einer Gleichung ausgedrückt wird. Darüberhinaus ist mit Hilfe einer Regressionsrechnung /33/ nachzuweisen, ob eine direkte Abhängigkeit zwischen dem Körperproportionalfaktor und der Abweichung des rechnerisch vom empirisch ermittelten Behälterfassungsvermögens besteht. Erst der Nachweis einer direkten Abhängigkeit zwischen den genannten Parametern ermöglicht die Anwendung des Kugelmodells für eine exakte rechnerische Bestimmung des Behälterfassungsvermögens.

3.1.2 Relevanz des Kugelmodells bezüglich des tatsächlichen Fassungsvermögens für Teilebehälter

Um die empirischen Untersuchungen für die Ermittlung des tatsächlichen Behälterfassungsvermögens mit einem wirtschaftlich vertretbaren Aufwand durchführen zu können, war es notwendig, den Untersuchungsbereich hinsichtlich der einzubeziehenden Teilebehälter und Montageteile abzugrenzen. Dazu wurden zahlreiche Montagearbeitsplätze analysiert, an denen vorwiegend kleinvolumige Produkte montiert werden /34/.

Die Ergebnisse zeigen, daß von der Vielzahl der am Markt angebotenen Behältertypen /35/ vorzugsweise Greif- und Sichtbehälter zur Teilebereitstellung am Arbeitsplatz eingesetzt werden(Bild 9). Von den bereitgestellten Montageteilen konnte ein hoher Anteil als rotationssymmetrisch eingestuft werden. Für die empirischen Untersuchungen wurde - basierend auf den Ergebnissen der beschriebenen Arbeitsplatzanalysen - nur Greif- und Sichtbehälter in unterschiedlichen Größen verwendet. Bei der Auswahl der Montageteile wurde als wesentliches Merkmal auf Rotationssymmetrie geachtet.

Keine Berücksichtigung fanden Wirrteile (Bild 8), da bei solchen Teilen aufgrund der Möglichkeit eines gegenseitigen "Verhakens", das in Kapitel 3.1.2 beschriebene Kugelmodell nicht mehr angewendet werden kann. Außerdem war das Ergebnis von Voruntersuchungen, daß die maximale Länge eines Montageteils kleiner als die Breite des Teilebehälters sein sollte. Wenn diese Bedingung nicht erfüllt wird, besteht die Möglichkeit, daß sich die Montageteile im Behälter in eine Vorzugslage ausrichten, was einer Zwangsordnung der Teile gleichbedeutend ist. Damit ergibt sich eine höhere "Packungsdichte" der Montageteile und daraus resultierend ein geringeres Behältervolumen, was zu einer Verfälschung der Untersuchungsergebnisse führt.

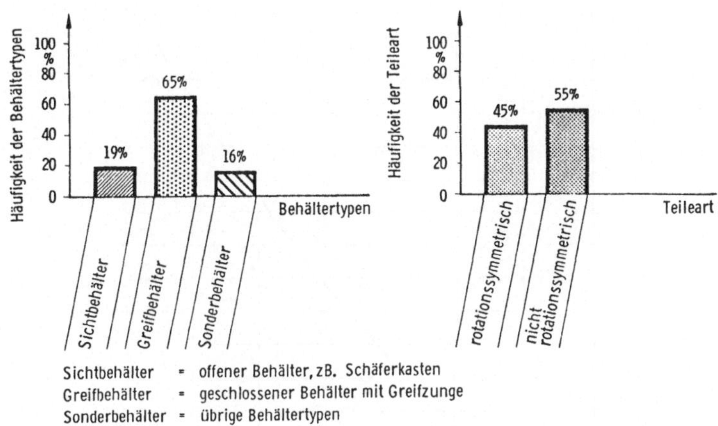

Bild 9: Häufigkeit unterschiedlicher Behältertypen und Teilearten /34/

Die Untersuchungsergebnisse sind in Bild 10 in zusammengefaßter Form dargestellt. Es zeigt die prozentuale Abweichung zwischen rechnerisch auf der Basis des Kugelmodells (Anhang A1, Gleichung 27) und empirisch ermitteltem Behälterfassungsvermögen in Abhängigkeit des Körperproportionalfaktors und der eingesetzten Teilebehältertypen. Dabei ist festzustellen, daß sich sowohl für Greif- als auch Sichtbehälter ein nahezu gleicher Kurvenverlauf ergibt. Bei der rechnerischen Ermittlung des tatsächlichen Behälterfassungsvermögens muß deshalb dieser Einflußparameter nicht gesondert berücksichtigt werden.

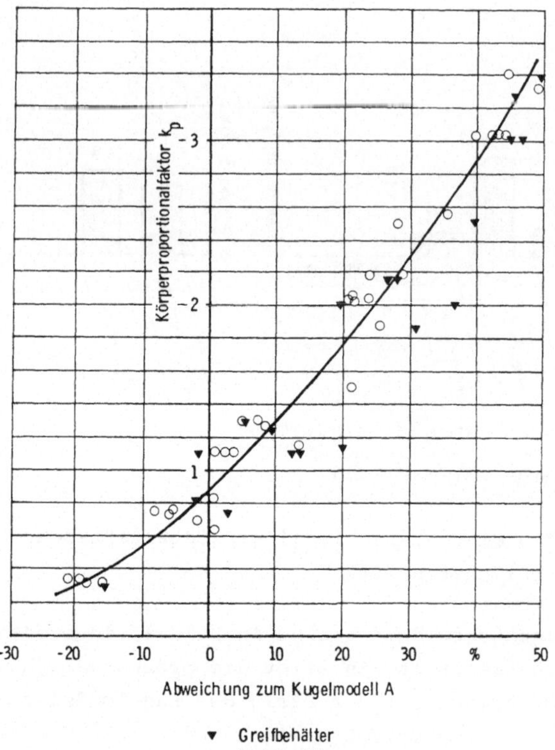

Bild 10: Zusammenhang zwischen Körperproportionalfaktor und Abweichung vom Kugelmodell

Für den Nachweis der Abhängigkeit zwischen dem Körperproportionalfaktor k_p und der prozentualen Abweichung A des Kugelmodells vom tatsächlichen Behälterfassungsvermögen wurde mit Hilfe eines Statistikprogrammes /33/ eine Regressionsrechnung durchgeführt. Dabei konnte nachgewiesen werden, daß zwischen den genannten Kurvenparametern in statistischem Sinn eine klare Abhängigkeit besteht.

Unter der Annahme eines exponentiellen Kurvenverlaufs ergab sich die der Regressionsgleichung zugrunde liegende Kurvengleichung wie folgt:

$$\ln k_p = - 0{,}25660 + 0{,}03306 \cdot A \qquad (4)$$

wobei:

k_p = Körperproportionalfaktor

A = prozentuale Abweichung vom Kugelmodell

Durch die Auflösung der Gleichung 4 nach dem Parameter A läßt sich auf rechnerische Weise die prozentuale Abweichung des Kugelmodells vom tatsächlichen Behälterfassungsvermögen in Abhängigkeit des Körperproportionalfaktors ermitteln.

Sei

$F_{Ideal.}$ = theoretisch mit Hilfe des Kugelmodells errechnetes Behälterfassungsvermögens

dann ergibt sich das tatsächliche Behälterfassungsvermögen zu

$$F_{Tats.} = F_{Ideal.} - F_{Ideal.} \cdot \frac{A}{100} \qquad (5)$$

Eine exakte rechnerische Ermittlung des Behälterfassungsvermögens kann jedoch nur für solche Teilebehälter und Montageteile durchgeführt werden, die Gegenstand der beschriebenen Untersuchung waren.

3.2 Anordnung von Teilebehältern im Greifraum

Die Aufgabe des vorliegenden Planungsschrittes besteht darin, die am Arbeitsplatz benötigten Teilebehälter im Greifraum /36/ derart anzuordnen, daß der für die Arbeitsausführung erforderliche Zeitaufwand minimal wird. Dabei gilt es eine Vielzahl technischer und ergonomischer Randbedingungen zu beachten. Zu nennen sind z.B. die Berücksichtigung der Geometrie oder Kombinierbarkeit einzelner Behälter, die Beachtung von sogenannten "Sperr-Räumen" innerhalb des Greifraums, die nicht mit Teilebehältern belegt werden dürfen oder die Einbeziehung der Montagefolge.

Ehe man der Frage nach einem geeigneten Algorithmus für die Lösung dieses Anordnungsproblems nachgehen kann, ist es zunächst notwendig, ein Modell zu entwickeln und zu formulieren, das einerseits die realen Gegebenheiten am Arbeitsplatz möglichst genau abbildet, andererseits aber hinreichend einfach ist, um das Problem letztlich mit vertretbarem Zeitaufwand lösen zu können /37/.

3.2.1 Entwicklung eines Modells zur Anordnung von Teilebehältern im Greifraum

Als grundlegende Eigenschaft einer jeden Behälteranordnung ist davon auszugehen, daß die einzelnen Teilebehälter entsprechend Bild 11 entlang der beiden halbkreisförmigen Greiflinien plaziert und tangential zum Kreisbogen bzw. senkrecht zum jeweiligen Schultergelenk ausgerichtet werden.

Damit soll ein griffgünstiges Entnehmen der Montageteile aus den Teilebehältern gewährleistet sein /38/.

Eine solche Teilebehälterausrichtung gilt allerdings nur für die beiden bogenförmigen Bereiche rechts vom rechten bzw. links vom linken Schultergelenk uneingeschränkt. Im Bereich zwischen den beiden Schultergelenken geht man vereinfacht von einer Geraden aus. Die Ausrichtung der Teilebehälter wird hier senkrecht zu der Gerade vorgenommen. Dafür sind zwei wesentliche Gründe anzuführen:

- o jeder Punkte der Greiflinie zwischen der Greifraummittenachse und dem entsprechenden Schultergelenk ist mit dem rechten bzw. linken Arm nahezu gleich gut zu erreichen.

- o ein bogenförmiger Verlauf der Greiflinie und das Ausrichten der Teilebehälter in dem gesamten Bereich - also auch zwischen den beiden Schultergelenken - senkrecht zum jeweiligen Schultergelenk

  hätten zur Folge, daß nahe der Greifraummittenachse aufgrund der Behälterlänge keine Teilebehälter angeordnet werden könnten. Dieser Greifbereich ist jedoch als besonders günstig zu erachten, da er mit beiden Händen in gleicher Weise erreicht werden kann und somit einen gewissen Freiheitsspielraum bei der Anordnung der Teilebehälter bietet. Darüber hinaus kann in diesem Bereich mit der größten Zielsicherheit einer Greifbewegung gerechnet werden.

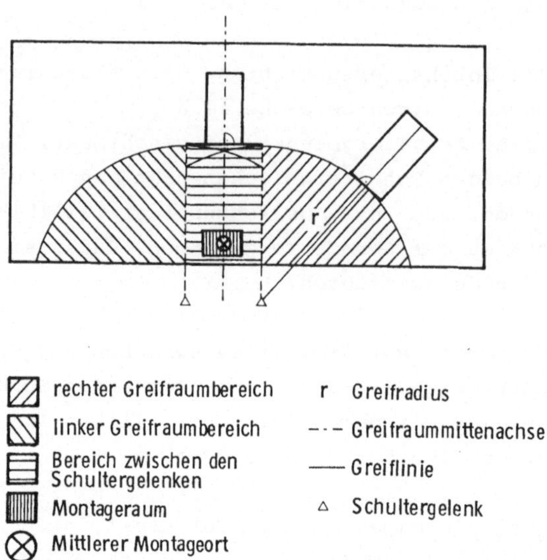

Bild 11: Anordnung von Teilebehältern im Greifraum

Die Länge der Greiflinie wird durch die Ausdehnung des physiologisch maximalen Greifraums der am Arbeitsplatz vorwiegend tätigen Mitarbeitergruppe bestimmt (Anhang A2).
Da die Behälter nur entlang dieser Greiflinie nebeneinander bzw. übereinander angeordnet werden können, ist für die Modellentwicklung die dritte Dimension, d.h. die Tiefe des Raumes hinter dieser Greiflinie nicht mehr von Bedeutung.
Die Zahl der Freiheitsgrade bei der Behälterplazierung hat sich damit von drei auf zwei reduziert, da nur noch der Plazierpunkt der Behälter entlang der Greiflinie (1. Freiheitsgrad) sowie dessen Abstand von der Arbeitstischfläche (2. Freiheitsgrad) zu betrachten sind.

Für die Bestimmung dieser Daten kann man sich nun die gesamte Greiflinie vereinfacht zu einer Geraden "aufgebogen" denken. Die zu plazierenden Behälter treten dann nur noch mit ihrer rechteckigen Frontfläche (Breite und Höhe) in Erscheinung (Bild 12).

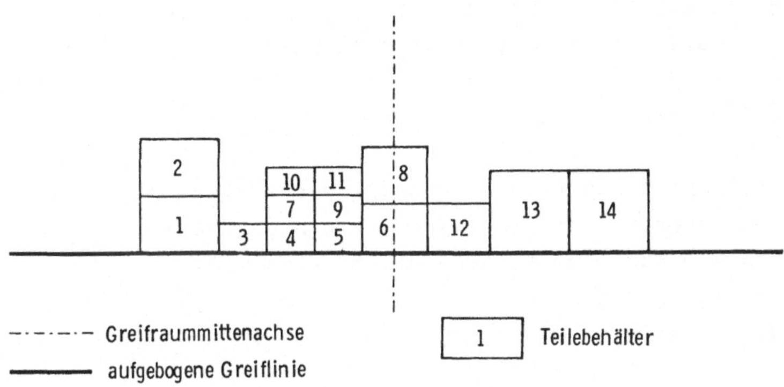

Bild 12: Ansicht einer Behälteranordnung in 2-D-Raum

Bei der Modellentwicklung müssen als wesentliche Elemente die zu plazierenden Teilebehälter und die oberhalb der aufgebogenen Greiflinie für die Anordnung dieser Teilebehälter zur Verfügung stehende Fläche angesehen werden. Es ist nun davon auszugehen, daß nicht jeder denkbare Plazierpunkt innerhalb dieser Fläche für die Anordnung eines Teilebehälters in gleicher Weise geeignet ist und darüber hinaus nicht jeder Teilebehälter inbezug auf die bereitzustellenden Montageteile als gleichbedeutend eingestuft werden kann. Daraus leitet sich die Notwendigkeit ab, vor der Teilebehälteranordnung eine Bewertung der genannten Parameter vorzunehmen.

Als Grundlage für die Beurteilung von möglichen Behälterplazierpunkten kann die aus der Greifentfernung resultierende Bewegungszeit herangezogen werden. Bezugsbasis für die Ermittlung dieser Greifentfernung ist der mittlere Montageort sowie der Zugriffspunkt am Behälter.

Die Wichtigkeit der zu plazierenden Teilebehälter ergibt sich im wesentlichen aus den bereitzustellenden Montageteilen. Dabei sind Kriterien, wie das Bauteilgewicht oder die Häufigkeit ihrer Verwendung pro Produkt von besonderer Bedeutung.

Die Behälteranordnung wird von der zugrundegelegten Zielfunktion bestimmt. Sie ist so vorzunehmen, daß jeweils der Behälter mit der höchsten Priorität auf den Plazierpunkt mit der geringsten Bewegungszeit gesetzt wird.

Liegt die Behälteranordnung im zweidimensionalen Raum fest, kann diese über Rückabbildungsfunktionen in den dreidimensionalen Raum rücktransformiert werden. Dabei nimmt die Greiflinie wieder ihre ursprüngliche Form ein. Die Rückabbildungsfunktionen werden in Kapitel 5.5.3 definiert.

3.2.2 Ableitung der Zielfunktionen

Das Ziel der Optimierung drückt sich in der Zielfunktion aus: Gesucht wird im vorliegenden Fall diejenige Behälteranordnung, für die der gesamte, im Rahmen einer Montageaufgabe anfallende Zeitaufwand zum Transport von Montageteilen zwischen den am Arbeitsplatz installierten Teilebehältern und dem Montageort minimal wird. Maßgebend für die Qualität einer Behälteranordnung ist also die Summe aller mit jedem Greifvorgang verbundenen Zeitwerte. Damit ergibt sich die Zielfunktion wie folgt:

$$Z = \sum_{i=1}^{n} T_i \rightarrow \min \qquad (6)$$

mit

Z = Wert der Zielfunktion

T_i = Wert der Zielfunktion für einen Behälter

i = Behälterindex

n = Anzahl der Behälter

sei

zh_i = Anzahl der Zugriffe pro Behälter und Produkt

t_i = Zeitbedarf für einen Zugriff pro Behälter

dann ergibt sich der Wert der Zielfunktion für einen Behälter zu

$$T_i = t_i \cdot zh_i \tag{7}$$

Die Zielfunktion läßt sich damit ausdrücken als

$$Z = \sum_{i=1}^{n} t_i \cdot zh_i \longrightarrow \min \tag{8}$$

Im folgenden sollen nun die Komponenten der Zielfunktion (Gleichung 8) hinsichtlich der Möglichkeit zu ihrer Bestimmung detailliert betrachtet werden.

In der Regel werden die an einem Arbeitsplatz benötigten Montageteile in Teilebehältern bereitgestellt. Für die Ermittlung einer optimalen Behälternordnung im Sinne der Zielfunktion ist es notwendig, abhängig vom Anordnungspunkt eines jeden Behälters den Zeitbedarf zu bestimmen, der notwendig ist, die Montageteile von dem entsprechenden Teilebehälter zu dem Montageort zu bringen.

Im Planungsstadium läßt sich dieser Zeitbedarf am günstigsten mit Hilfe eines Systems vorbestimmter Zeiten /22/ ermitteln, da bei solchen Systemen den auszuführenden Bewegungen auf der Basis von Bewegungslängen Normzeitwerte zugeordnet werden können.

Die beiden bekanntesten Systeme vorbestimmter Zeiten sind das Work-Factor-Verfahren /39/ und das MTM-Verfahren /40/. Da die Verbreitung des MTM-Verfahrens in der Bundesrepublik Deutschland besonders weit fortgeschritten ist, erscheint es sinnvoll, dieses Verfahren zur Ermittlung des vorgenannten Zeitbedarfes einzusetzen /41/.

Das MTM-Verfahren ist definiert als ein Verfahren, mit dem jeder manuelle Arbeitsablauf in die Grundbewegungen zerlegt wird, die zu seiner Ausführung notwendig sind. Zu nennen sind z.B. die Grundbewegungen "Hinlangen", "Bringen" oder "Körperbewegung". Diesen Grundbewegungen werden Normzeitwerte zugeordnet, deren Höhe durch die Grundbewegung selbst, sowie durch Einflüsse unter denen sie ausgeführt wurde, bestimmt wird. Als Einflüsse sind z.B. die Bewegungslänge oder das Bauteilgewicht zu nennen.

Für die Bestimmung des Zeitaufwandes, der notwendig ist, Montageteile von einem Teilebehälter zum Montageort zu bringen sind im vorliegenden Fall nur die beiden MTM-Grundbewegungen

- H I N L A N G E N zum Teilebehälter und
- B R I N G E N des Montageteils vom Behälter zum Montageort

als zeitrelevant zu erachten.

Bei der Ermittlung der Zeitwerte für die beiden vorgenannten Grundbewegungsarten müssen mehrere Einflußgrößen berücksichtigt werden. Diese sollen im folgenden kurz aufgezeigt werden.

Von wesentlicher Bedeutung für die Höhe der Normzeitwerte ist die Ermittlung der "Bewegungslänge". Hierbei kommte es darauf an, die tatsächlich zurückgelegte Strecke zwischen Anfang- und Endpunkt einer Bewegung unter Berücksichtigung eines natürlichen (bogenförmigen) Verlaufs der Greifbewegung zu ermitteln /40/. Man geht dabei zunächst vereinfacht von einem geradlinigen Bewegungsverlauf aus und multipliziert diesen mathematisch leicht zu bestimmenden Entfernungswert mit einem empirisch ermittelten Korrekturfaktor, der eine gute Annäherung an den bogenförmigen Verlauf der menschlichen Greifbewegung gewährleistet /42/. Dieser Korrekturfaktor hat den Wert 1,2, d.h. im Durchschnitt beträgt die tatsächlich zurückzulegende Bewegungslänge etwa das 1,2fache der geradlinig ermittelten Entfernung.

Die zweite Einflußgröße der "Bewegungsfall" richtet sich bei der Hinlangbewegung nach der Beschaffenheit des Ortes, an dem das Montageteil gelagert wird, sowie nach der Größe und Beschaffenheit des Montageteils selbst. Demgegenüber gilt bei der Bringbewegung die Plaziergenauigkeit des Montageteils am Montageort als wesentliches Auswahlkriterium. Für beide Grundbewegungen werden jeweils mehrere Bewegungsfälle unterschieden. Die Auswahl, welcher Bewegungsfall für die Ermittlung des Zeitbedarfs bei der Teilebehälteranordnung als relevant zu erachten ist, muß in Abhängigkeit von der zu bearbeitenden Montageaufgabe vorgenommen werden.
Neben "Bewegungslänge" und "Bewegungsfall" muß bei der Grundbewegung Bringen zusätzlich das zu transportierende Bauteilgewicht bei der Zeitwertermittlung berücksichtigt werden. Man unterscheidet hierbei eine sogenannte dynamische und eine statische Gewichtskomponente.

Die dynamische Komponente berücksichtigt den Zeitbedarf der notwendig ist, das Bauteil im Verlauf des Bringvorganges mit der Hand zu halten. Bei der statischen Komponente handelt es sich um einen Zeitbedarf, für eine Muskelkontraktion, die vor der eigentlichen Bewegung ausgeführt werdon muß. Während die statische Komponente als konstanter Faktor zum Zeitwert des jeweiligen Bringvorganges addiert wird, geht die dynamische Komponente als Multiplikator in die Zeitwertermittlung ein /41/.

Sei

l_i	=	Bewegungslänge zwischen mittlerem Montageort und dem Greifpunkt am Teilebehälter
R	=	Zeitwert für die Grundbewegung "Hinlangen"
M	=	Zeitwert für die Grundbewegung "Bringen"
W	=	dynamischer Anteil des Gewichtungsfaktors für das Bauteilgewicht
S_c	=	statischer Anteil des Gewichtungsfaktors für das Bauteilgewicht
G_i	=	Bauteilgewicht

dann ergibt sich die in Gleichung 8 enthaltene Zugriffszeit auf einen Behälter, t_i, zu

$$t_i = R(l_i) + \left[M(l_i) \cdot W(G_i) + S_c(G_i) \right] \qquad (9)$$

Setzt man Gleichung (9) in die Zielfunktion ein (Gleichung 8), so lautet diese:

$$Z = \sum_{i=1}^{n} zh_i \left(R(l_i) + \left[M(l_i) \cdot W(G_i) + S_c(G_i) \right] \right) \longrightarrow \min \qquad (10)$$

Die zweite Gleichungskomponente der Zielfunktion ist die Zugriffshäufigkeit. Man versteht darunter die Anzahl Zugriffe pro Behälter und zu montierendes Produkt. Muß aus Gründen der Montagefolge mehrfach in bestimmte Teilebehälter gegriffen werden, so sind die dabei entstehenden Zeitwerte für die Hinlang- und Bringbewegung immer gleich hoch. Anstatt die Zeitwerte eines jeden Greifvorganges zu addieren, ist es einfacher, den Zeitwert eines einmaligen Greifvorganges mit der entsprechenden Zugriffshäufigkeit zu multiplizieren. Die Zugriffshäufigkeit bekommt somit die Funktion eines Gewichtungsfaktors.

3.2.2 Beurteilung bestehender Ansätze

In der Literatur über Optimierungsverfahren /43,44,45/ kennt man eine Reihe spezieller Ansätze (z.B. das Transportproblem, das Lagerhaltungsproblem oder das Zuordnungsproblem), die daraufhin zu untersuchen sind, ob eines unter diesen Modellen auf die vorliegende Problemstellung angewandt werden kann.

Einen erfolgversprechenden Ansatz liefert das sogenannte "Zuordnungsproblem", das einen ähnlich kombinatorischen Charakter aufweist, wie er bei der Anordnung von Teilebehältern im Greifraum anzutreffen ist.

Das Zuordnungsproblem geht von folgender Situation aus /43/: Es sind n Aufträge auf n Arbeitsplätze so zu verteilen, daß jedem Arbeitsplatz genau ein Auftrag, und jeder Auftrag nur auf einem Arbeitsplatz zugeteilt wird. Dabei soll jeder Auftrag auf jedem Arbeitsplatz bearbeitet werden können. Die Zuordnung des Auftrages i zum Arbeitsplatz j ist mit Kosten verbunden. Gesucht ist eine solche Verteilung der Aufträge auf die Arbeitsplätze, die mit minimalen Gesamtkosten verbunden ist.

Es kann gezeigt werden, daß das Zuordnungsproblem auf das klassische Transportproblem zurückzuführen ist. Als Algorithmus käme somit z.B. die Simplex-Methode in Betracht /44/.

Bleibt jetzt nur noch die Aufgabe, das Problem "optimale Behälteranordnung" so umzuformulieren, daß es sich mit der Modellstruktur des Zuordnungsproblems deckt. Dabei ist zu klären, welches im vorliegenden Fall die Elemente und welches die Plätze sind, auf die diese Elemente zu verteilen sind.

Das Zuordnungsproblem setzt voraus, daß jedes Element auf jedem Platz angeordnet werden kann. Um dieser Forderung auch bei der "optimalen" Teilebehälteranordnung gerecht zu werden, ist wie folgt vorzugehen: Die Fläche oberhalb der "aufgebogenen" Greiflinie kann mit einem Flächenraster versehen werden, dessen einzelne Felder die möglichen Plätze im Sinne des Zuordnungsproblems darstellen. Jeder Behälter, der an irgendeiner Stelle in diesem Rasterfeld plaziert wird, belegt im allgemeinen, abhängig von der Feinheit des Rasters mehrere dieser Plätze. Da gefordert wird, daß Element und Platz exakt aufeinander passen, müssen auch die Behälter, genauer ihre Frontflächen im gleichen Abstand wie das Flächenraster aufgeteilt sein. Die Plazierung eines Behälters bedeutet dann die Zuordnung mehrerer Elemente auf mehrere Plätze, allerdings unter der Bedingung, daß diese Plätze analog den Behälterabmessungen neben- bzw. übereinander liegen (Bild 13).

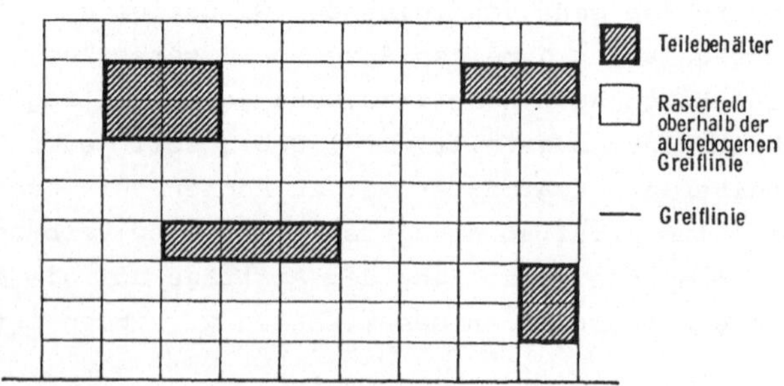

Bild 13: Mögliche Zuordnungen von Teilebehältern

Soweit wäre eine Anpassung des zu lösenden Anordnungsproblems auf das Zuordnungsproblem denkbar. Bei näherer Betrachtung wird jedoch deutlich, daß diese Problemdefinition gegenüber den Erfordernissen der vorliegenden Aufgabenstellung zu stark vereinfacht. Nur ein geringer Anteil der möglichen Realisierungsvarianten ist eine zulässige Behälteranordnung, da die Behälter nur auf der Tischplatte, auf Sockeln oder auf anderen Behältern und nicht "frei im Raum" anzuordnen sind (vgl. Bild 13). Diese Randbedingung kollidiert mit der Forderung des Zuordnungsproblems, daß "jeder Auftrag auf jedem Arbeitsplatz" bearbeitet werden kann.

Betrachtet man darüberhinaus die behälterabhängigen Randbedingungen wie z.B. die Behälterform- und -geometrie oder die Kombinierbarkeit unterschiedlicher Behälter, so ist leicht ersichtlich, daß das aus der Literatur bekannte Zuordnungsproblem nicht zur Lösung des beschriebenen Behälter-Anordnungsproblems eingesetzt werden kann.

3.2.4 Lösungsmethode zur Bestimmung der "optimalen" Behälteranordnung

Für die Ermittlung der "optimalen" Behälteranordnung im Sinne der Zielfunktion ist es aus den genannten Gründen erforderlich, in einem ersten Arbeitsschritt deren Komponenten "Zugriffshäufigkeit" und "Greifzeit" hinsichtlich ihrer Auswirkung auf das zu erzielende Gesamtergebnis zu analysieren.

Bei der Zugriffshäufigkeit zu den einzelnen Behältern ist festzustellen, daß diese bereits im Rahmen der Arbeitsmethodengestaltung exakt festgelegt wird und somit für die weitere Rechnung als konstant zu betrachten ist. Eine Beeinflussung der Behälteranordnung kann also nur durch die Veränderung der Greifzeit erreicht werden.

Da diese im wesentlichen von der Länge des zurückzulegenden Greifweges bestimmt wird, muß der Greifweg als entscheidende "Größe" zur Ermittlung der optimalen Behälteranordnung angesehen werden. Für die weitere Vorgehensweise ist es deshalb notwendig, den Zusammenhang zwischen Greifzeit und Bewegungslänge zu quantifizieren und in Form eines Algorithmus darzustellen.

Als Grundlage hierfür soll das MTM-Grundverfahren /40/ eingesetzt werden. Betrachtet man dazu die der Zeitermittlung für die Grundbewegungen "Hinlangen" und "Bringen" zugrundeliegenden Zeitwerte, abhängig von der Bewegungslänge, so ist festzustellen, daß sich ein nahezu linearer Zusammenhang über den gesamten Entfernungsbereich ergibt (Bild 14). Lediglich bei sehr kleinen Bewegungslängen ($<$ 15 cm) ist eine Abweichung zu verzeichnen, die sich jedoch auf die Behälteranordnung nur unwesentlich auswirkt.

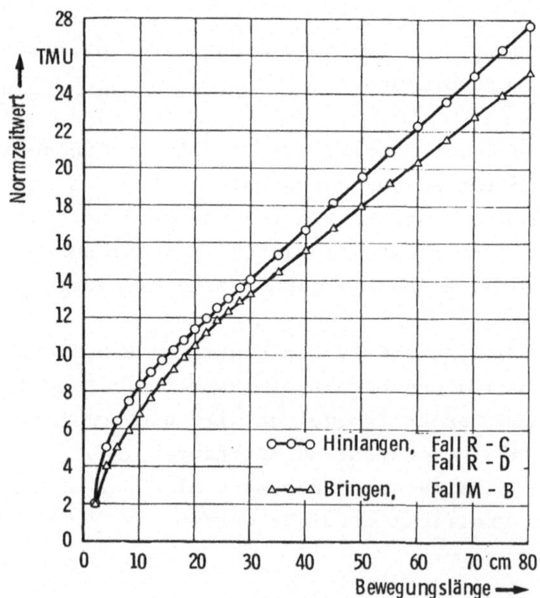

Bild 14: Abhängigkeit zwischen Greifzeit und Bewegungslänge /40/

Man geht deshalb für die mathematische Abbildung des Zusammenhangs von Greifzeit und Bewegungslänge vereinfacht von einem linearen Kurvenverlauf aus, der sich für die Grundbewegungen Hinlangen und Bringen in den beiden Gleichungen (11 und 12) wie folgt ausdrückt:

$$R\ (l_i) = m_R \cdot l_i + b_R \tag{11}$$

$$M\ (l_i) = m_M \cdot l_i + b_M \tag{12}$$

Dabei sind:

$R\ (l_i)$	=	Zeitwert für die Grundbewegung "Hinlangen"
$M\ (l_i)$	=	Zeitwert für die Grundbewegung "Bringen"
m_R	=	Steigung der Gerade für die Grundbewegung "Hinlangen"
m_M	=	Steigung der Gerade für die Grundbewegung "Bringen"
l_i	=	Bewegungslänge zwischen mittlerem Montageort und dem Greifpunkt am Teilebehälter
b_R	=	Achsenabschnitt für die Gerade der Grundbewegung "Hinlangen"
b_M	=	Achsenabschnitt für die Gerade der Grundbewegung "Bringen"

Setzt man diese beiden Gleichungen in die Gleichung 14 ein, so ergibt sich die Zielfunktion zu:

$$= \sum_{i=1}^{n} zh_i \cdot \Big((m_R \cdot l_i + b_R) + \big[(m_M \cdot l_i + b_M) \cdot W(G_i) + S_c(G_i) \big] \Big) \longrightarrow \min \tag{13}$$

$$= \sum_{i=1}^{n} zh_i \cdot \Big(\big[(m_R + m_M \cdot W(G_i) \big] \cdot l_i + b_R + b_M \cdot W(G_i) + S_c(G_i) \Big) \longrightarrow \min \tag{14}$$

Faßt man nun die Variablen, d.h. von l_i abhängigen Gleichungskomponenten zu einem Ausdruck P_i zusammen, dann läßt sich die Zielfunktion ausdrücken als:

$$Z = \sum_{i=1}^{n} P_i \cdot l_i + \left[b_R + b_M \cdot W(G_i) + S_c(G_i) \right] \cdot zh_i \longrightarrow \min \qquad (15)$$

dabei ist

$$P_i = zh_i \left[m_R + m_M \cdot W(G_i) \right] \qquad (16)$$

Ein wichtiges Problem stellt noch die Bestimmung der Greifentfernung l_i zwischen dem mittleren Montageort und dem Greifpunkt am Teilebehälter dar. Während der Ursprung der Greifbewegung durch den mittleren Montageort exakt fixiert ist, muß für die Berechnung der Greifentfernung am Teilebehälter ein Zugriffspunkt definiert werden, an dem die Montageteile entnommen werden. Für die weitere Rechnung legt man diesen Zugriffspunkt in der Mitte der Behälterbreite fest. Abhängig von der Behälterform muß darüber hinaus noch dessen Höhe in Relation zur Behälterhöhe festgelegt werden. Unter Berücksichtigung dieser Daten ist für die Bestimmung der Greifentfernung von folgender Vorgehensweise auszugehen:

Der zur Plazierung von Teilebehältern zur Verfügung stehende Raum oberhalb der "aufgebogenen Greiflinie" wird mit Hilfe eines Flächenrasters in beliebig kleine Flächenelemente aufgeteilt. Ordnet man nun einen Teilebehälter in diesem Flächenraster an, so wird dessen Frontfläche entsprechend der gewählten Rasterung in mehrere Elemente aufgeteilt. Von wesentlicher Bedeutung für die Berechnung der Greifentfernung sind nur die in Behälterbreite, auf Höhe des Zugriffspunktes befindlichen Flächenelemente.

Man errechnet nun zunächst die Entfernung von jedem dieser Flächenelemente zum mittleren Montageort, addiert die einzelnen Teilentfernungen und dividiert diesen Entfernungswert durch die Anzahl Flächenelemente (Bild 15). Der so erhaltene Entfernungswert entspricht der gesuchten Greifentfernung zwischen dem mittleren Montageort und dem Zugriffspunkt am Behälter.

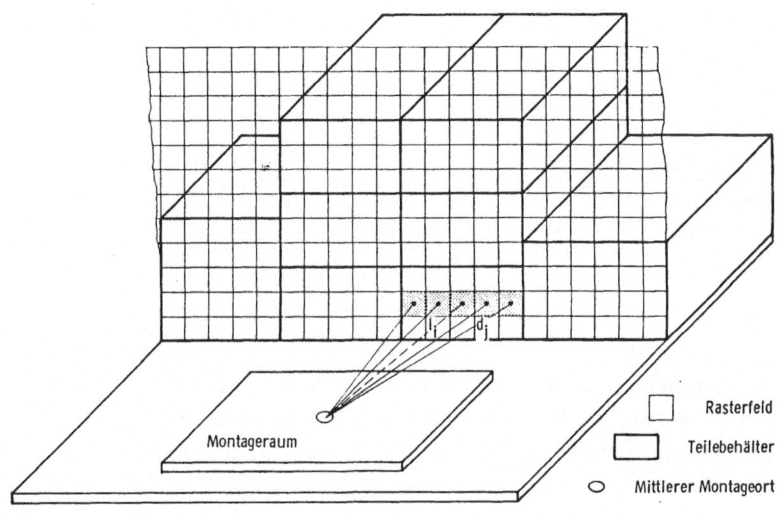

Bild 15: Schematische Darstellung zur Berechnung der Greifentfernung

Sei

l_i = Bewegungslänge zwischen mittlerem Montageort und dem Greifpunkt am Teilebehälter

S_i = Menge aller Flächenelemente die vom Behälter i auf Höhe des Greifpunktes belegt werden

d_j = Entfernung zwischen mittlerem Montageort und der Mitte eines Flächenelements j

A_i = Anzahl Flächenelemente in Behälterbreite

j = Index aller Flächenelemente

dann ergibt sich die Berechnung der Greifentfernung zu:

$$l_i = \frac{1}{A_i} \sum_{j \in S_i} d_j \qquad (17)$$

Setzt man nun Gleichung (17) in die Zielfunktion (Gleichung 15) ein, erhält man:

$$Z = \sum_{i=1}^{n} \frac{P_i}{A_i} \sum_{j \in S_i} d_j + \left[b_R + b_M \cdot W(G_i) + S_c(G_i) \right] zh_i \longrightarrow \min \qquad (18)$$

Aus Gleichung 18 wird ersichtlich, daß als einzige Variable nur noch der Weg d_j in der Zielfunktion enthalten ist. Alle verbleibenden Komponenten dieser Gleichung sind Konstante, die von der Behälteranordnung nicht beeinflußt werden.

Besondere Bedeutung kommt jedoch dem Ausdruck $\frac{P_i}{A_i}$ zu, da dieser eine wegunabhängige Klassifizierung der am Arbeitsplatz anzuordnenden Teilebehälter ermöglicht , d.h. die Festlegung einer Prioritätsfolge, in der die zu plazierenden Behälter bei der Teilebehälteranordnung Berücksichtigung finden. Dabei werden behälterspezifisch sowohl die Zugriffshäufigkeit zum Behälter, das Gewicht des zu greifenden Montageteils als auch die Breite des Teilebehälters berücksichtigt.

Die Einbeziehung der Behälterbreite in den Anordnungsalgorithmus bietet den Vorteil, daß bei gleichen Werten für den Ausdruck P_i insbesondere breite Behälter aufgrund der im Nenner stehenden Komponente A_i eine weniger günstige Position in der Prioritätsfolge erzielen als schmälere Behälter. Dies bedeutet für die Teilebehälteranordnung, daß solche Behälter auf die im Sinne der Zielfunktion ungünstigeren Positionen gesetzt werden, was zur Folge hat, daß eine größere Anzahl weniger breiter Behälter im günstigeren Greifbereich angeordnet werden können, so daß sich insgesamt betrachtet ein günstigeres Gesamtergebnis erzielen läßt.

Gemäß der Zielfunktion ist die Anordnung der zu plazierenden Behälter so vorzunehmen, daß der Ausdruck, $\sum_{i=1}^{n} \frac{P_i}{A_i} \sum_{j \in S_i} d_j$ minimal wird.

Ein Minimum wird dann erreicht, wenn es gelingt, die beiden Gleichungskomponenten derart zu kombinieren, daß jeweils das größte Element des Ausdrucks $\frac{P_i}{A_i}$ mit dem kleinsten Element von d_j multipliziert wird. D.h. die Behälter mit dem höchsten Gewichtungsfaktor (Behälterpriorität) dort plaziert werden, wo sich ihre hohe Gewichtung am wenigsten deutlich auf die Zielfunktion auswirkt, also auf die Position, die eine minimale Bewegungslänge l_i ergibt.

Um diese Forderung erfüllen zu können, ist es notwendig, vor jeder Anordnung alle Behälterprioritäten zu berechnen und entsprechend ihrem Wert in absteigender Folge zu sortieren. Derjenige Behälter mit der höchsten Priorität wird unter Berücksichtigung aller anordnungsspezifischen Randbedingungen senkrecht oberhalb des mittleren Montageortes angeordnet, da dieser Plazierpunkt gleichzeitig den geringsten Greifweg im Greifraum aufweist. Für die Anordnung des zweiten und aller weiteren Behälter wird in unmittelbarem Nachbarschaftsbereich der bereits plazierten Behälter, d.h. rechts, links und oberhalb der Behälter der nächstgünstigste Anordnungspunkt bestimmt.

Vor einer endgültigen Plazierung des entsprechenden Behälters sind auch hier eine Vielzahl behälterspezifischer Randbedingungen wie z.B. Geometrie oder Kombinierbarkeit mit den bereits plazierten Behältern zu überprüfen und in den Anordnungsvorgang miteinzubeziehen.

Die beschriebene Vorgehensweise zur Festlegung der Anordnungspunkte für die zu plazierenden Behälter ist im Sinne der Zielfunktion als gerechtfertigt zu betrachten, da ausgehend von dem senkrecht oberhalb des mittleren Montagepunktes liegenden Plazierpunkt die Anordnung der restlichen Behälter nach allen Richtungen ungünstiger wird. Nachweisbar führt ein solches Anordnungsverfahren bei gleichen Behältern zu einem besonders günstigen (d.h. niedrigen) Wert der Zielfunktion. Dafür, ob im Einzelfall d.h. beim Einsatz unterschiedlicher Behälter hinsichtlich Geometrie und Kombinierbarkeit tatsächlich das Minimum realisiert wird, gibt es keine Garantie. Charakteristisch für ein heuristisches Verfahren, wie es im vorliegenden Fall angewendet wird, ist aber, daß es mit seiner Lösung nicht wesentlich vom tatsächlichen Minimum entfernt liegt.

4 EDV-technische Realisierung

4.1 Anforderungen an das Programmsystem

Der Aufwand für die Entwicklung eines Programmsystems zur rechnerunterstützten Gestaltung von ortsgebundenen, manuellen Montagearbeitsplätzen (ARPLA) ist unter Berücksichtigung wirtschaftlicher Gesichtspunkte nur dann sinnvoll, wenn eine möglichst große Einsatzbreite und Übertragbarkeit des Systems gewährleistet werden kann.

Um diesen Forderungen aus wirtschaftlicher Sicht gerecht zu werden, sind bei der Systemkonzeption eine Vielzahl EDV-technischer Anforderungen zu berücksichtigen. Die wesentlichsten Anforderungen wie z.B. Dialogfähigkeit, modularer Aufbau sowie Portabilität sollen im folgenden kurz beschrieben werden.

Im Gegensatz zur Stapelverarbeitung (Batch-Betrieb), bei der die zu verarbeitenden Vorgänge ohne Einflußnahme des Benutzers auf den Programmablauf bearbeitet werden, kommuniziert der Anwender bei der Datenverarbeitung im Dialog in der Regel über ein Bildschirmterminal mit dem Rechner /46/. Damit besteht für den Anwender die Möglichkeit, im Bedarfsfall in den maschinellen Planungsablauf eingreifen zu können.

Hinsichtlich der organisatorischen Gestaltung der Dialogarbeit lassen sich zwei grundsätzliche Arten des Dialogs unterscheiden

- o der benutzergesteuerte und
- o der computergesteuerte Dialog /47/.

Beim benutzergesteuerten Dialog wird die Arbeitsabwicklung durch entsprechende Anweisungen vom Mitarbeiter selbst bestimmt, d.h. der Rechner ist hier nur ein vom Mitarbeiter gesteuertes Werkzeug. Im Gegensatz dazu legt beim computergesteuerten Dialog der Rechner entweder aufgrund der Programmlogik oder auf der Basis ermittelter Zwischenergebnisse den Programmablauf fest. Der Mitarbeiter kann hier nur im Rahmen einer Vorgabe mit dem Rechner kommunizieren. Diese Art des Dialogs ist für Benutzer mit ungenügender EDV-Erfahrung die einfachste interaktive Arbeitsweise.

Da nicht gewährleistet werden kann, daß alle zur Arbeitsplatzgestaltung erforderlichen Arbeitsschritte nach einem fest vorgegebenen Schema zu bearbeiten sind, sollte das Programmsystem aufgabenabhängig entweder die Möglichkeit eines benutzergesteuerten oder rechnergesteuerten Dialogs bieten.

Eine weitere wichtige Voraussetzung für eine möglichst große Einsatzbreite ist der modulare Aufbau des Programmsystems. Unter dem Begriff Modul sind nach /48/ eigenständige Programmteile zu verstehen, die wie Unterprogramme aufgebaut sind. Jedes Modul dient zur Bearbeitung einer klar abgegrenzten Aufgabenstellung und ist mit definierten Schnittstellen für Übernahme bzw. Übergabe von Daten zu den Dateien sowie zu einem übergeordneten Verwaltungsprogramm ausgestattet.

Grundlegende Vorteile eines modularen Programmaufbaus sind darin zu sehen, daß einzelne Programmabschnitte einfach an die unterschiedlichen Anforderungen verschiedener Programmbenutzer anzupassen sind, bei Bedarf mehrere Programmoduln unterschiedlicher Herkunft zu größeren Einheiten zusammengesetzt werden können ohne auf ihren internen Aufbau und ihre interne Arbeitsweise zu achten und einzelne Moduln auch als unabhängige Einheiten einzusetzen sind.

Neben der Forderung nach Dialogfähigkeit und Modularität ist bei der Programmentwicklung auf den Einsatz einer portablen d.h. weitgehend anlagenunabhängigen Programmiersprache zu achten. Damit kann gewährleistet werden, daß der Aufwand zur Anpassung des Programms an die unterschiedlichsten Rechner-Betriebssysteme möglicher Anwender minimal wird.

4.2 Struktur des Programmsystems ARPLA

Das Programmsystem ARPLA kann den vielfältigen Anforderungen hinsichtlich einer möglichst universellen Einsetzbarkeit nur durch eine entsprechende Programmstruktur gerecht werden. Das bedeutet z.B. die Schaffung von Möglichkeiten zur Integration weiterer, betriebsspezifisch angepaßter Programmoduln. Darüberhinaus ist darauf zu achten, daß die zur Bearbeitung einer Gestaltungsaufgabe erforderlichen Programmoduln nicht nur als Gesamtsystem, sondern auch einzeln, als unabhängige Einheiten einzusetzen sind.

Aus den vorgenannten Forderungen resultiert die in Bild 16 dargestellte Struktur des aus 8 Moduln bestehenden Programmsystems. Jedes Modul ist aus zahlreichen Unterprogrammen aufgebaut, die jedoch aus Gründen der Übersichtlichkeit nicht dargestellt werden konnten.

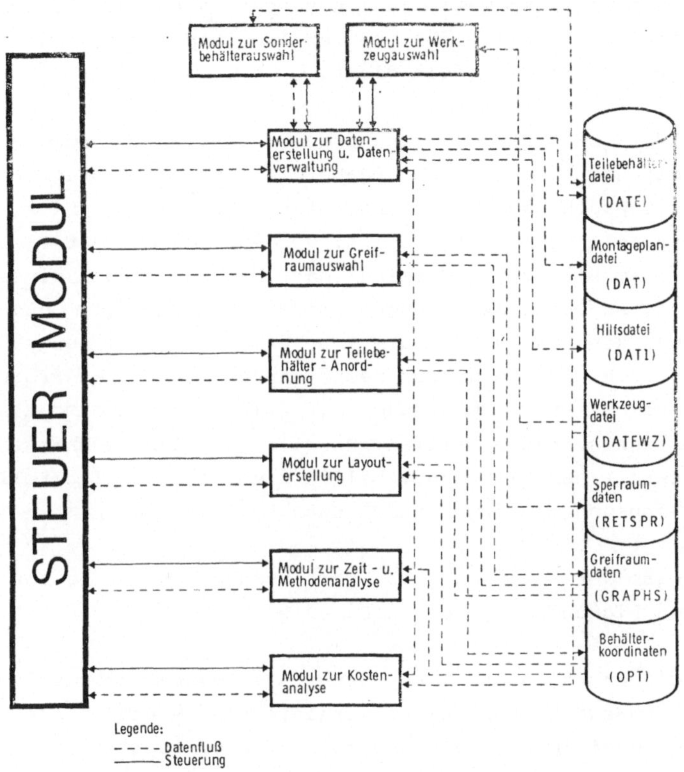

Bild 16: Schematisierte Programmstruktur

Das Programmsystem läßt sich funktionsorientiert in drei Segmente untergliedern:

- o Eingabe der Planungsdaten
- o Verarbeitung der Planungsdaten
- o Ausgabe der Planungsergebnisse.

Das Programmsegment "Eingabe der Planungsdaten" enthält im wesentlichen die Beschreibung der Montageaufgabe durch den Arbeitsplaner, die Eingabe der Daten im Dialog sowie eine entsprechende Plausibilitätskontrolle (Datenüberprüfung) des gesamten Datenmaterials durch die Programmlogik. Alle Eingabedaten werden in einer Datei zwischengespeichert, die gleichzeitig als Schnittstelle für die zur Arbeitsplatzgestaltung einzusetzenden Programmoduln dient.

Bei der "Verarbeitung der Planungsdaten" werden abhängig von der zu bearbeitenden Gestaltungsaufgabe die jeweils benötigten Daten aus der entsprechenden Datei abgerufen, aufbereitet und zur Weiterverarbeitung bereitgestellt. Vor der Ausgabe der Planungsergebnisse am Bildschirm-Terminal oder Drucker werden diese in einer weiteren Datei zwischengespeichert. Die Steuerung und Überprüfung des Planungsablaufs innerhalb dieses Planungsschrittes, d.h. die Folge der nacheinander benötigten Programmmoduln kann der Programmanwender mit Hilfe des Steuermoduls im Dialogverkehr selbst bestimmen. Da alle Zwischenergebnisse in Dateien bereit gestellt sind, bilden diese die Schnittstellen für die Kopplung der voneinander unabhängigen Moduln.

Die "Ausgabe der Planungsergebnisse" umfaßt - abhängig von der gestellten Planungsaufgabe - z.B. eine

- Darstellung der auszuführenden Montagearbeitsgänge in Form eines vereinfachten Montageplans
- dreidimensionale Ansicht des Arbeitsplatzes sowie ein vermaßtes Werkstattlayout
- Zeit- und Methodenanalyse auf der Basis eines Systems vorbestimmter Zeiten
- Kostenanalyse.

Darüber hinaus erhält der Programmanwender ein Protokoll aller im Dialog eingegebenen Planungsdaten.

5 Das Programmsystem ARPLA

5.1 Übersicht über den rechnerunterstützten Planungsablauf

Eine Übersicht über den Ablauf bei der rechnerunterstützten Gestaltung von Montagearbeitsplätzen mit dem Programmsystem ARPLA ist in Bild 17 dargestellt.

Als erster Arbeitsschritt des Planungsablaufs ist vom Arbeitsplaner eine Beschreibung der Montageaufgabe hinsichtlich der zur Arbeitsplatzgestaltung relevanten Daten vorzunehmen. Dazu gehören z.B. Angaben über die Montagefolge der benötigten Bauteile, die am Arbeitsplatz zu lagernde Teilemenge oder die Zugriffshäufigkeit zu den Teilebehältern.

Auf der Basis dieser Daten müssen im nächsten Arbeitsschritt die Arbeitsplatz-Ausrüstungselemente wahlweise vom Rechner bzw. Planer aus entsprechend konzipierten Dateien ausgewählt werden.

Die Festlegung der Greifraumabmessungen, die daran anschließend auszuführen ist, orientiert sich an der am Arbeitsplatz vorwiegend tätigen Personengruppe. Sie bildet die Grundlage für die räumliche Bemessung des unter ergonomischen Gesichtspunkten zur Anordnung von Ausrüstungselementen maximal zur Verfügung stehenden Greifraumes.

Wenn alle vorgenannten Arbeitsschritte ausgeführt sind, werden die ausgewählten Arbeitsplatzausrüstungselemente wahlweise vom Rechner bzw. Planer am Arbeitsplatz angeordnet.

Um verschiedene Gestaltungsalternativen hinsichtlich des zur Arbeitsausführung erforderlichen Zeitaufwandes miteinander vergleichen zu können, besteht für den Arbeitsplaner nach Abschluß der Gestaltungsphase die Möglichkeit, eine Zeit- und Methodenanalyse auf der Basis eines Systems vorbestimmter Zeiten durchzuführen. Hierbei können zeitaufwendige Teilaufgaben der Analyseerstellung dem Rechner übertragen werden.

Als letzter Arbeitsschritt des rechnerunterstützten Planungsablaufs werden die zur Installation des Arbeitsplatzes erforderlichen Investitionsausgaben und die Montagekosten pro Stück errechnet. Auch hier lassen sich wesentliche Teilaufgaben auf die Programmlogik übertragen.

Nach Abschluß aller Planungsaktivitäten werden die Ergebnisse programmintern aufbereitet und auf entsprechenden EDV-Peripheriegeräten ausgegeben. Gleichzeitig erfolgt eine Sicherung dieser Daten in einer speziellen Datei um eine spätere Wiederverwendbarkeit zu ermöglichen.

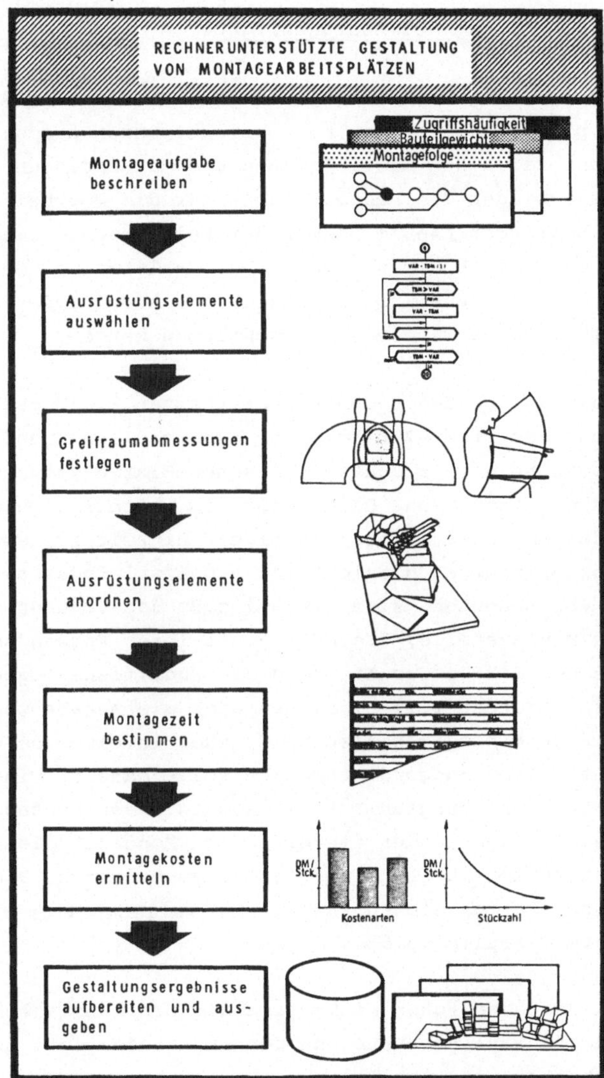

Bild 17: Rechnerunterstützter Planungsablauf zur Gestaltu von Montagearbeitsplätzen

5.2 Beschreibung der Montageaufgabe

Mit der Beschreibung der Montageaufgabe werden die im Rahmen der Arbeitsplatzgestaltung zu berücksichtigenden produkt- und produktionsspezifischen Einflußgrößen und Randbedingungen festgelegt. Diese bilden die Ausgangsbasis für die Bearbeitung mehrerer Arbeitsschritte im Rahmen der Feinplanung. Sie beeinflussen maßgeblich die zu erzielende Qualität der Gestaltungsergebnisse und müssen deshalb vom Arbeitsplaner so exakt als möglich ermittelt und beschrieben werden.

Als Vorbereitung für den rechnerunterstützten Planungsablauf mit dem Programmsystem ARPLA muß der Arbeitsplaner zunächst eine Beschreibung der produktspezifischen Einflußgrößen und Randbedingungen vornehmen. Dazu gehört im wesentlichen die Benennung der am Arbeitsplatz benötigten Einzelteile sowie deren Charakterisierung hinsichtlich arbeitsplatzgestalterischer Kriterien. Von Bedeutung sind hierbei z.B. das Volumen und Gewicht der Montageteile, die Häufigkeit ihrer Verwendung pro Produkt und daraus resultierend die Zugriffshäufigkeit zu den entsprechenden Teilebehältern, oder die Angabe ob ein Montageteil, aus montagetechnischen Gründen in einem bevorzugten Greifbereich angeordent werden soll. Darüber hinaus ist für den weiteren Planungsablauf die Kenntnis der Montagefolge, d.h. die Reihenfolge in der die einzelnen Montageteile zusammengebaut werden müssen als relevant zu erachten. Dies gilt insbesondere für die Anordnung der Teilebehälter im Greifraum (vgl. Kapitel 5.5).

Aus produktionstechnischer Sicht sind die pro Arbeitsschicht zu fertigende Anzahl Produkte und der am Arbeitsplatz zu lagernde Arbeitsvorrat von Bedeutung.

Um die Beschreibung der Montageaufgabe am Rechner einfach und rationell durchführen zu können, erfolgt die Eingabe aller Daten in direktem Dialog zwischen Arbeitsplaner und Rechner über einen Bildschirmterminal. Dabei werden die zum Programmablauf benötigten Informationen vom Steuerprogramm bereits in der entsprechenden, zur Arbeitsplatzgestaltung erforderlichen Reihenfolge abgefragt.

Mit der Aufforderung zur Dateneingabe erscheint gleichzeitig ein Eingabebalken am Bildschirm, der durch eine bestimmte Anzahl alphanummerischer Zeichen die maximale Länge der bereitzustellenden Informationen abgrenzt (Bild 18). Damit soll erreicht werden, daß der Arbeitsplaner die von der Programmlogik zu verarbeitende Wortlänge bei der Beantwortung einer Frage nicht überschreitet.

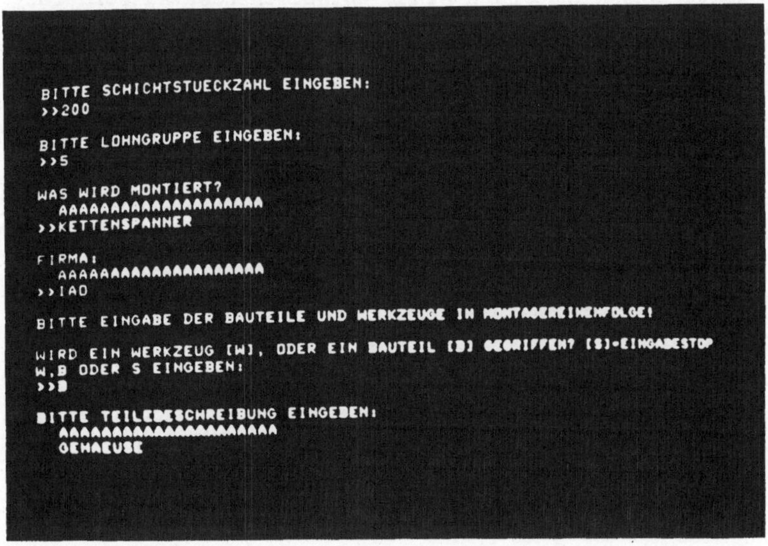

```
BITTE SCHICHTSTUECKZAHL EINGEBEN:
>>200

BITTE LOHNGRUPPE EINGEBEN:
>>5

WAS WIRD MONTIERT?
  AAAAAAAAAAAAAAAAAAA
>>KETTENSPANNER

FIRMA:
  AAAAAAAAAAAAAAAAAAAA
>>IAO

BITTE EINGABE DER BAUTEILE UND WERKZEUGE IN MONTAGEREIHENFOLGE!

WIRD EIN WERKZEUG [W], ODER EIN BAUTEIL [B] GEGRIFFEN? [S]-EINGABESTOP
W,B ODER S EINGEBEN:
>>B

BITTE TEILEBESCHREIBUNG EINGEBEN:
  AAAAAAAAAAAAAAAAAAAAA
  GEHAEUSE
```

Bild 18: Dateneingabe im Dialog

Jede Dialogeingabe wird programmintern hinsichtlich einer möglichen Überschreitung der maximalen Antwortlänge überprüft. Darüber hinaus erfolgt bei der Eingabe numerischer Daten eine Plausibilitätskontrolle der Eingabewerte inbezug auf die zu beachtenden Grenzwerte. Dadurch können eventuelle Fehler bei der Eingabe sofort festgestellt und vom Planer unmittelbar korrigiert werden.

Sind sämtliche zur Beschreibung der Montageaufgabe erforderlichen Informationen zur Weiterverarbeitung bereitgestellt, werden diese programmintern aufbereitet und können in Form eines vereinfachten Montageplans ausgegeben werden (Bild 19). Dazu muß der Arbeitsplaner allerdings die bisher noch nicht betrachteten Kopfdaten des Montageplans wie z.B. Montageplannummer, Benennung des zu montierenden Produkts, Erstellungsdatum des Montageplans, Bearbeiter und die zur Arbeitsausführung notwendige Lohngruppe nach einer entsprechenden Aufforderung in den Rechner eingeben.

Die Darstellung der Eingabedaten in Form eines vereinfachten Montageplans bietet wesentliche Vorteile bei der Dokumentation und Kontrolle der gesamten Planungsergebnisse. Außerdem kann so ein späteres Auffinden bereits abgespeicherter Daten erleichtert werden.

FIRMA: BI	MONTAGEPLAN NR: 1	BENENNUNG: ANZEIGEKOPF E 5000
ERSTELLUNGSDATUM 10/22/81	AENDERUNGSDATUM 11/30/81	BEARBEITER EBH
SCHICHTSTUECKZAHL: 50		LOHNGRUPPE: 5

BESCHREIBENDER TEXT	GEWICHTS KLASSE	BEHAELTER- VOLUMEN	NR.	PLAZIE -RUNG	HAEUFIG -KEIT	LAGER MENGE
ZYLINDERSCHR. M3X6	1	.6	56	0	1	5000
MASSEBAND	1	3.8	26	0	1	50
ZYLINDERSCHR. M4X8	1	.6	56	0	1	5000
DURCHFUERUNGSTUELLE	1	.6	56	0	1	1000
KLAMMER	1	.6	56	0	1	56
SUMMER	1	3.8	26	1	1	50
BLECHSCHR. 2,9X6,5	1	.6	56	0	1	5000
KUNSTSTOFF-FUEHRUNG	1	.6	56	0	1	100
ZYLINDERSCHR. M4X8	1	0.0	0	0	1	0
FUEHRUNGSSCHIENE	1	1.0	33	0	1	5000
ZYLINDERSCHR. M3X6	1	0.0	0	0	1	0
KODIERLEISTE	1	1.0	33	0	1	20
SENKSCHRAUBE	1	.6	56	0	0	5000
VERBINDUNGSPLATTE	1	9.4	24	0	1	30
ERDUNGSLITZE	1	1.0	33	0	1	50
ZYLINDERSCHR. M4X8	1	0.0	0	0	1	0

Bild 19: Darstellung eines vereinfachten Montageplans

5.3 Auswahl von Arbeitsplatzausrüstungselementen

Voraussetzung für die rechnerunterstützte Durchführung dieses Planungsschrittes ist zunächst die Erfassung und Beschreibung der zur Gestaltung eines Montagearbeitsplatzes benötigten Ausrüstungselemente. Um eine möglichst große Anwendungsbreite des Programmsystems ARPLA gewährleisten zu können, ist es in diesem Zusammenhang notwendig, die wichtigsten, am Markt erhältlichen Ausrüstungselemente im Rahmen einer Marktanalyse zu erfassen und zu dokumentieren. Eine Zusammenstellung derjenigen Elemente, die hierbei als relevant zu erachten sind, wurde bereits in Kapitel 3.1 aufgezeigt. An dieser Stelle soll deshalb nicht mehr näher darauf eingegangen werden. Darüber hinaus kann es für eine betriebsspezifische Anwendung des Programmsystems erforderlich werden, bestimmte, bereits im Unternehmen vorhandene Elemente in diese Betrachtung miteinzubeziehen.

Für den rechnerunterstützten Planungsablauf sind alle Ausrüstungselemente mit ihren als wichtig zu erachtenden Merkmalen in einer entsprechend konzipierten Datei bereitzustellen. Die Beschreibung der einzelnen Elemente ist so vorzunehmen, daß der Arbeitsplaner bei dem, im Dialog mit dem Rechner auszuführenden Auswahlvorgang eine Aussage hinsichtlich ihrer technischen Einsatzmöglichkeiten und der zur Installation erforderlichen Investitionsausgaben erhält. Außerdem sind Hersteller und Bestellnummer für eine spätere Weiterverarbeitung dieser Daten insbesondere bei der Vorbereitung einer Bestellung von Vorteil.

Von Seiten der Ausrüstungselemente-Hersteller ist in unregelmäßigen Zeitabständen mit einer marktbedingten Modifikation ihrer Produkte zu rechnen. Das bedeutet, daß die Daten der in den Dateien enthaltenen Elemente entsprechend aktualisiert werden müssen. Diese Aktualisierung sollte vom Programmanwender aus Gründen einer schnellen Programmanpaßbarkeit selbst vorzunehmen sein.

Bei der Konzeption der entsprechenden Dateien muß deshalb auf einen übersichtlichen und änderungsfreundlichen Aufbau geachtet werden.

Beim Einsatz des Programmsystems ARPLA wird die Auswahl der Ausrüstungselemente vom Arbeitsplaner am Bildschirmterminal im Dialog mit dem Rechner vorgenommen. Der Planer bestimmt dabei zunächst welche Art Ausrüstungselemente ausgewählt werden soll und gibt im nächsten Arbeitsschritt die zu deren Auswahl erforderlichen Beschreibungsmerkmale (Funktionsanforderungen) nach einer entsprechenden Abfrage der Programmlogik in den Rechner ein. Sind in der angesprochenen Datei Elemente enthalten, die den gestellten Funktionsanforderungen genügen, erhält der Programmanwender eine Auflistung dieser Elemente am Bildschirmterminal. Für die Auswahl eines dieser Ausrüstungselemente aus der Vielzahl der technisch möglichen, ist vom Arbeitsplaner eine entsprechende Information in den Rechner einzugeben.

Enthält die Datei keine den Funktionsanforderungen entsprechenden Elemente, erfolgt vom Rechner eine Information mit der Aufforderung zur Modifikation der Beschreibungsmerkmale oder zum Abbruch des Auswahlverfahrens.

Zur Verdeutlichung der Vorgehensweise bei der Auswahl von Arbeitsplatz-Ausrüstungselementen wird im folgenden die "Teilebehälterauswahl" näher beschrieben, da dieses Elemente zahlenmäßig am häufigsten am Arbeitsplatz eingesetzt wird.

Wesentliche Kenngrößen für die Auswahl von Teilebehältern sind die am Arbeitsplatz bereitzustellende Anzahl Bauteile sowie deren Volumen bzw. maximale Ausdehnung in der Länge. Abhängig, welches dieser Beschreibungsmerkmale bei der Teilebehälterauswahl als relevant zu betrachten ist, kann der Arbeitsplaner wahlweise das gewünschte Teilebehältervolumen oder die erforderliche Teilebehälterlänge dem Rechner als Auswahlkriterium vorgeben. Der Auswahlvorgang selbst erfolgt analog der in Bild 20 aufgezeigten Vorgehensweise.

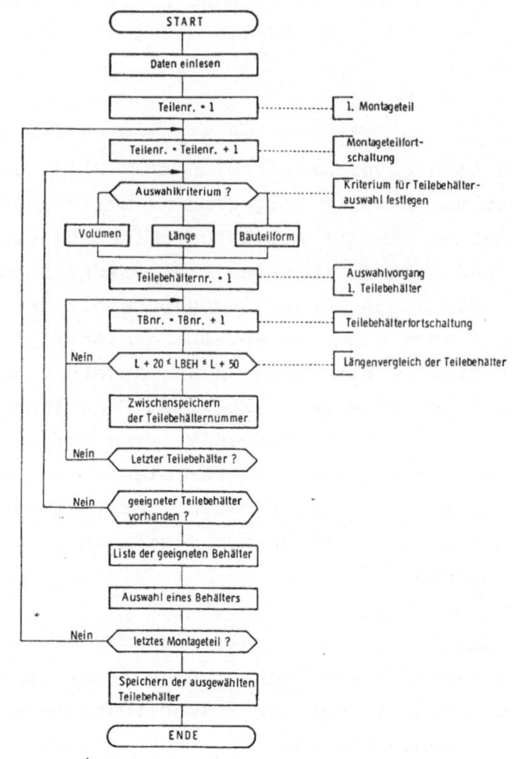

Bild 20: Vorgehensweise zur Auswahl von Teilebehältern

Neben den beiden aufgezeigten Auswahlkriterien wurde für die an Montagearbeitsplätzen zahlreich bereitzustellenden rotationssymmetrischen Bauteile ein spezielles Auswahlverfahren entwickelt, das den Auswahlvorgang wesentlich vereinfacht. Der Rechner benötigt hier als Information nur die am Arbeitsplatz zu lagernde Teilemenge und die Abmessungen eines Montageteils. Unter Berücksichtigung des bereits in Kapitel 3.1.2 beschriebenen Korrekturfaktors errechnet das Programm mit diesen Daten das "optimale" Behältervolumen und bestimmt den im speziellen Anwendungsfall günstigsten Behälter.

Betriebsspezifisch kann es auch notwendig werden, Montageteile in Teilebehältern bereitzustellen, die in ihren Abmessungen nicht den in der angesprochenen Datei enthaltenen, standardisierten Behältern entsprechen. Um auch solche Anwendungsfälle rechnerunterstützt bearbeiten zu können, ist es notwendig, dem Arbeitsplaner die Möglichkeit zu schaffen, im Dialog mit dem Rechner universelle Behältertypen aufzurufen, die mit Hilfe weniger Daten dem jeweiligen Anwendungsfall maßlich anzupassen sind. Eine Zusammenstellung solcher, in das Programm integrierter "Sonderbehältertypen" zeigt Bild 21.

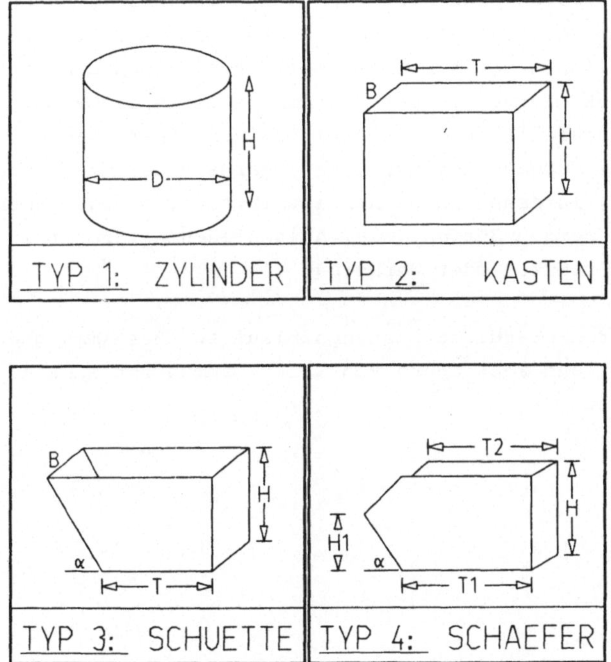

Bild 21: Sonderbehältertypen

Vor der Auswahl eines Sonderbehälters werden die verschiedenen Behälter bei Bedarf am Bildschirmterminal als Entscheidungsgrundlage für den Planer graphisch dargestellt. Dieser kann dann unter Berücksichtigung gestaltungsspezifischer Randbedingungen die endgültige Entscheidung für einen Sonderbehältertyp treffen.

5.4 Bestimmung der Greifraumgrenzen und Festlegung von Sperr-Räumen

Ziel dieses Planungsschrittes ist es, die räumliche Ausdehnung des zur Plazierung von Arbeitsplatzausrüstungselementen maximal zur Verfügung stehenden Anordnungsbereichs festzulegen. Die wesentlichen vom Arbeitsplaner auszuführenden Aufgaben ergeben sich hierbei in der Bestimmung der Greifraumgrenzen und gegebenenfalls in der Definition von "Sperr-Räumen". Als Sperr-Räume werden hier Bereiche innerhalb der Greifraumgrenzen bezeichnet, in denen keine Arbeitsplatzausrüstungselemente angeordnet werden dürfen. (z.B. Ablageflächen für fertigmontierte Produkte oder Werkzeuge).

Der rechnerunterstützte Planungsablauf zur Bestimmung der Greifraumgrenzen und Festlegung von Sperr-Räumen ist in Bild 22 dargestellt.

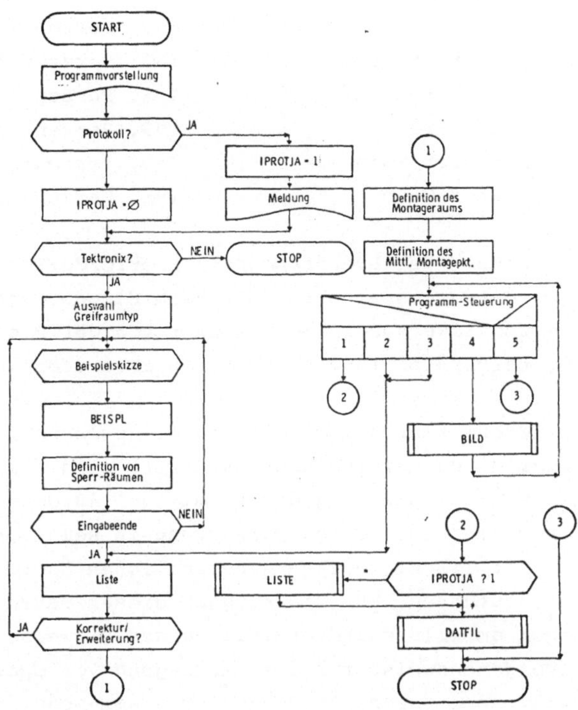

Bild 22: Ablaufdiagramm zur Bestimmung der Greifraumgrenzen und Festlegung von Sperr-Räumen

Im ersten Arbeitsschritt muß die voraussichtlich am Arbeitsplatz tätige Personengruppe bestimmt werden, damit die Grenzen des physiologisch maximalen Greifraums von der Programmlogik errechnet werden können. Der Programmanwender erhält dazu eine Zusammenstellung der hierbei als relevant zu erachtenden Perzentilwerte am Bildschirmterminal zur Auswahl vorgestellt. Es handelt sich im einzelnen um die Personengruppen /49/:

- kleinste Frau (5. Perzentil)
- mittlere Frau (50. Perzentil) und
  kleiner Mann (5. Perzentil)
- größte Frau (95. Perzentil) und
  mittlerer Mann (50. Perzentil)
- größter Mann (95. Perzentil)

Alle zur Berechnung der Greifraumgrenzen erforderlichen Daten sind in einer Datei gespeichert, die nach Eingabe des gewünschten Perzentilwertes in den Rechner von der Programmlogik zur Weiterverarbeitung selbsttätig abgerufen werden.

Daran anschließend kann der Arbeitsplaner gegebenenfalls Sperr-Räume definieren. Bei diesem Arbeitsschritt sind als wesentliche Aufgaben die Festlegung der räumlichen Ausdehnung dieser Sperr-Räume sowie deren Plazierung in Relation zu dem in der Mitte der Tischvorderkante befindlichen Koordinatenursprung durchzuführen. Für die Eingabe dieser Daten in den Rechner werden am Bildschirmterminal genaue Hinweise gegeben. Analog der Vorgehensweise für die Festlegung von Sperr-Räumen muß im letzten Arbeitsschritt dieses Programm-Moduls eine maßliche Beschreibung des Montageraums sowie die Angabe des mittleren Montageortes erfolgen. Nach Abschluß der Eingaben erhält der Programmanwender ein Protokoll aller wesentlichen Beschreibungsdaten und darüber hinaus eine graphische Darstellung der Sperr-Räume sowie des Montageraums in dem zur Verfügung stehenden Greifraum. Auf diese Weise kann eine schnelle Verifikation der Eingabedaten auf visuellem Wege erreicht und gegebenenfalls Korrekturmaßnahmen eingeleitet werden.

5.5 Anordnung von Teilebehältern im Greifraum

5.5.1 Alternative Bearbeitungsvarianten einer Gestaltungsaufgabe mit dem Programmsystem ARPLA

Das bereits in Kapitel 3.2 beschriebene heuristische Verfahren zur Anordnung von Teilebehältern im menschlichen Greifraum eignet sich in der beschriebenen Form nur zur Erstellung eines Arbeitsplatzlayouts im Sinne der Zielfunktion d.h. im Sinne einer Minimierung der Greifwege. In der Praxis kann es jedoch für eine bestmögliche Gestaltung der Arbeitsmethode wichtig sein, Behälter unter Berücksichtigung der Montagefolge, d.h. der Reihenfolge in der die Montageteile zum Arbeitsablauf benötigt werden, anzuordnen. Damit auch solche Gestaltungsaspekte bei der Teilebehälteranordnung berücksichtigt werden können, ermöglicht das Programmsystem ARPLA, im Dialog zwischen Arbeitsplaner und Rechner spezielle Programmroutinen aufzurufen, die z.B. eine Anordnung der Teilebehälter in der Montagereihenfolge erlauben. Darüber hinaus können Montage-Teilfolgen definiert oder zuvor bestimmte Teilebehälter manuell gesetzt werden.

Eine Montage-Teilfolge stellt eine Folge von Behältern dar, die Teilfolge der gesamten Montagereihenfolge ist. Hierbei darf ein Behälter nur Element einer ausgewählten Teilfolge sein und innerhalb dieser Teilfolge nur einmal auftreten.
Der Benutzer, der eine solche Teilfolge von Behältern definiert, stellt damit die Forderung auf, daß die bezeichneten Behälter in der festgelegten Anordnung nebeneinander oder auf Wunsch übereinander stehen.

Um diesem Aspekt Rechnung zu tragen, wird das Verfahren so abgeändert, daß im allgemeinen Fall nicht mehr Einzelbehälter, sondern Behältergruppen (Teilfolgen) angeordnet werden.

Ebenso bezieht sich die zu Beginn einer jeden Teilebehälteranordnung festzulegende Setzreihenfolge jetzt auf Behältergruppen. Die Priorität einer Behältergruppe ergibt sich dabei aus der Summe der Prioritäten der Einzelbehälter, die in dieser Gruppe enthalten sind. Alle restlichen Behälter, die dann in keiner ausgewählten Teilfolge enthalten sind, werden als Teilfolge der Länge 1 interpretiert und entsprechend behandelt.

Beim manuellen Setzen von Teilebehältern legt der Programmanwender den Plazierpunkt dieser, von ihm ausgewählten Behälter selbst fest und überläßt die Plazierung der übrigen Behälter dem Rechner. Die Programmlogik prüft nach der Eingabe der Daten in den Rechner, ob die gewünschte Position unter Berücksichtigung aller Randbedingungen zulässig ist oder ob sie z.B. mit bereits gesetzten Behältern oder Sperr-Räumen kollidiert. Gegebenenfalls muß der Benutzer seine Wünsche revidieren.

Hat das Programm die Position der manuell zu setzenden Behälter akzeptiert, werden diese im nachfolgenden Anordnungslauf zuerst placiert und können dann von der Programmlogik nicht mehr verschoben werden.

Neben den bisher aufgezeigten alternativen Varianten zur Bearbeitung einer Gestaltungsaufgabe mit Hilfe des Programmsystems ARPLA sind programmseitig noch eine Reihe weiterer Möglichkeiten vorgesehen um dem Benutzer eine Einflußnahme auf die Gestaltungslösung zu gewähren bzw. ihm nützliche Informationen über die gefundene Anordnung zu geben.Dazu gehören z.B. Informationen hinsichtlich möglicher

- o Behältersockel
- o Gestelle
- o Tischmindestmaße.

Behältersockel müssen von der Programmlogik immer dann vorgesehen werden, wenn der direkte Zugriff auf einen Teilebehälter z.B. durch einen davorliegenden Sperr-Raum behindert wird. Die Höhe des benötigten Sockels richtet sich in einem solchen Fall nach der Höhe des Sperr-Raumes, die Sockelbreite leitet sich aus der Breite des Sperr-Raumes ab.

Alle von der Programmlogik errechneten Sockelmaße sind Mindestmaße, die nicht unterschritten werden dürfen. Sie können jedoch vom Programmbenutzer durchaus vergrößert werden, wenn damit z.B. Lücken zwischen den im Randbereich bzw. auf Sockel plazierten Behältern auszugleichen sind. Das Programm erlaubt es deshalb, dem Programmbenutzer die von der Programmlogik errechneten Sockelmaße nachträglich zu korrigieren.

In besonderen Anwendungsfällen können Teilebehäler von der Programmlogik unter Einbeziehung eines Gestells auch über Sperr-Räumen angeordnet werden. Eine solche Anordnungsvariante erfordert jedoch das Einverständnis des Programmbenutzers. Liegt die Behälteranordnung fest, dann berechnet die Programmlogik die Tischmindestmaße. Diese werden so bestimmt, daß keiner der Behälter über den Tischrand hinausragt.

5.5.2 Vorgehensweise zur Anordnung von Teilebehältern im Greifraum

Grundbausteine des entwickelten Verfahrens zur Anordnung von Teilebehältern im Greifraum sind die Variation des Greifradius und die Iteration der Setzreihenfolge.

Ausgehend von einem Mindestradius, dieser wird im allgemeinen durch die Größe des benötigten Montageraumes bestimmt, wird der Greifradius solange schrittweise vergrößert, bis der oberhalb der Greiflinie zur Verfügung stehende Raum zur Plazierung aller Behälter ausreicht oder der Maximalradius überschritten wird. Im letzteren Falle besteht für den Arbeitsplaner die Möglichkeit einen Beistelltisch zu definieren, andernfalls bricht das Verfahren ohne Lösung ab.

Die Schrittweite der Radiusvariation kann vom Programmanwender vorgegeben werden. Sie ergibt sich als Quotient aus der Differenz zwischen maximal und minimal zur Verfügung stehendem Greifradius dividiert durch die Anzahl der gewünschten Radiusvariationen. Sie kann im Prinzip beliebig klein gewählt werden; man sollte dabei aber bedenken, daß mit jeder Verkleinerung der Schrittweite, der zeitliche Aufwand des Verfahrens ansteigt, ohne daß sich die Qualität der Behälteranordnung damit zwangsläufig verbessert.

Zu Beginn einer jeden Radiusvariation werden die Behälterprioritäten errechnet und daraus die Reihenfolge abgeleitet, in der die Plazierversuche vorgenommen werden.

Potentielle Standorte eines zu plazierenden Behälters liegen im 2-D-Modell ausschließlich entlang der sogenannten "Konturenlinie", die von der Tischoberfläche, den Behältersockeln und den bereits manuell gesetzten Behältern gebildet wird (Bild 23).

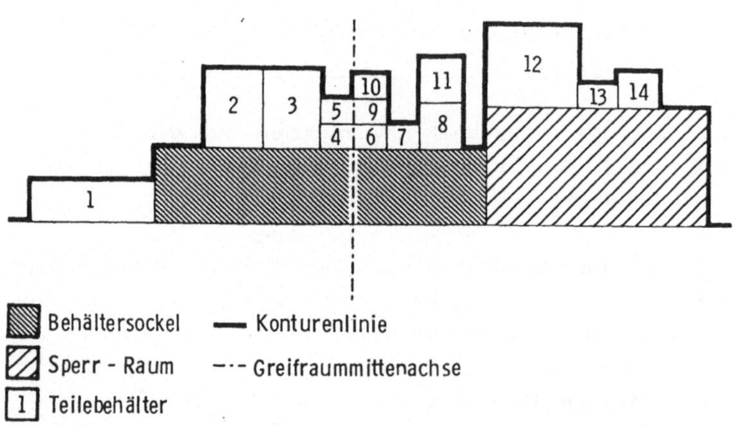

Bild 23: Schematische Darstellung einer Konturenlinie

Die Konturenlinie besteht aus einer Folge von Abschnitten jeweils von bestimmter Länge. Ein solcher Abschnitt kommt nur dann als Standort für einen Behälter in Frage, wenn die Länge dieses Abschnittes mindestens der Breite des zu plazierenden Behälters entspricht. Reicht die Länge eines Abschnittes für die Plazierung eines Behälters aus, so wird dieser von der Programmlogik probeweise auf diesen Abschnitt gesetzt und daran anschließend die geometrischen Verträglichkeitsbedingungen mit bereits gesetzten Behältern überprüft. Wenn diese Position als zulässig erachtet wird, errechnet die Programmlogik den aus dieser Position resultierenden Wert der Zielfunktion. Da nicht sichergestellt werden kann, daß diese erste Position für die Plazierung des Behälters bereits als optimal zu betrachten ist, werden alle von der Programmlogik als zulässig erachteten Abschnitte in derselben Art überprüft. Die Plazierung des Behälters erfolgt dann auf den Abschnitt mit dem günstigsten Wert der Zielfunktionen.

Sobald einer der zu plazierenden Behälter nicht mehr angeordnet werden kann, ist es notwendig, die Setzreihenfolge zu revidieren. Der besagte Behälter steigt dann in seiner Priorität und tauscht somit den Rang mit seinem Vorgänger, dessen Plazierung dadurch rückgängig gemacht wird (Iteration). Sollte der Plazierversuch erneut scheitern, rutscht er einen weiteren Rang nach vorne, usw. Gelingt es, den letzten Behälter der gerade aktuellen Setzreihenfolge im Greifraum unterzubringen, ist die gesuchte Anordnung gefunden und das Problem gelöst.

Zur Veranschaulichung des Iterationsverfahrens zeigt Bild 24 ein einfaches Beispiel.

Im Greifraum mit den Grenzen XMIN und XMAX befinden sich zwei Sperr-Räume sowie ein Behältersockel, es sollen vier Behälter plaziert werden, und zwar in der Setzreihenfolge 1, 2, 3 und 4 (aufgrund ihrer Anfangsprioritäten); der Radius ist fest.

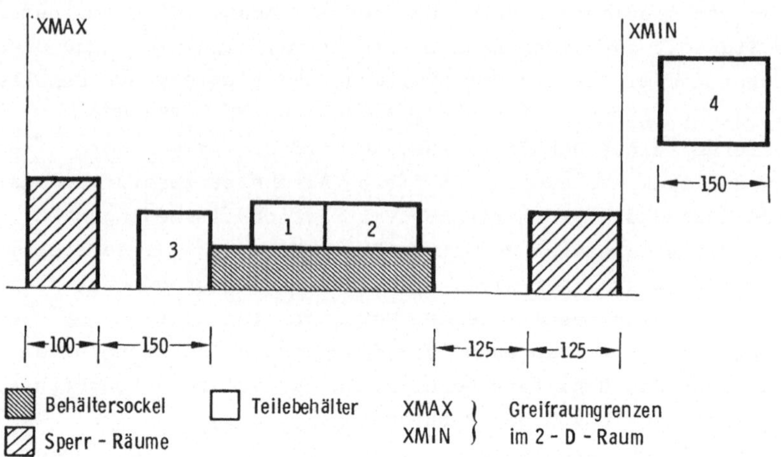

Bild 24: Schematische Darstellung des Iterationsverfahrens

Nachdem die Behälter 1 bis 3 in dieser Reihenfolge an den jeweils günstigsten Ort gesetzt wurden, kann Behälter 4 nicht mehr plaziert werden, da die freien Lücken dafür zu schmal sind. Der zuletzt plazierte Behälter muß also in der Setzreihenfolge zurückgenommen werden (Behälter 3); die neue Setzreihenfolge lautet jetzt 1, 2, 4, 3. Jetzt paßt Behälter 4 in die Lücke zwischen dem linken Sperr-Raum und dem Behältersockel; Behälter 3 wird dann in die Lücke zwischen den Behältersockel und dem rechten Sperr-Raum gesetzt.

Das Verfahren weist in dieser Form allerdings noch einen Mangel auf, der sich darin ausdrückt, daß bei der Veränderung der Setzreihenfolge der Behälter zyklische Tauschvorgänge auftreten können. Eine Möglichkeit zu deren Beseitigung wäre die vollständige Enumeration, d.h. man könnte alle denkbaren Setzreihenfolgen durchrechnen. Da in der Praxis aber mit bis zu 60 zu plazierenden Behältern gerechnet werden kann, ist der dafür notwendige Rechenaufwand nicht mehr diskutabel.

Der schließlich eingegangene Kompromiß sieht so aus, daß eine Tauschmatrix angelegt wird, in der das Element a_{ij} anzeigt, ob Behälter i mit Behälter j bereits vertauscht wurde. Ein Tausch soll nur einmal (je Variation) möglich sein (bzw. infolge a_{ji} auch wieder zurück). Bei N Behältern sind also (N-1) • (N-1) Tauschvorgänge möglich. Ist bis dahin keine zulässige Anordnung gefunden worden, wird der Radius, sofern noch erlaubt, vergrößert oder gegebenenfalls der Anordnungsvorgang abgebrochen.

5.5.3 Rückabbildung der Behälteranordnung vom 2-D-Modell in den 3-D-Raum

Der letzte Arbeitsschritt im Rahmen der Anordnung von Teilebehältern ist die Transformation der generierten Behälteranordnung vom 2-D-Modell in den 3-D-Raum. Hierbei gilt es die Koordinaten des jeweiligen Bezugspunktes P und den Drehwinkel γ für jeden Behälter zu berechnen (Bild 25).

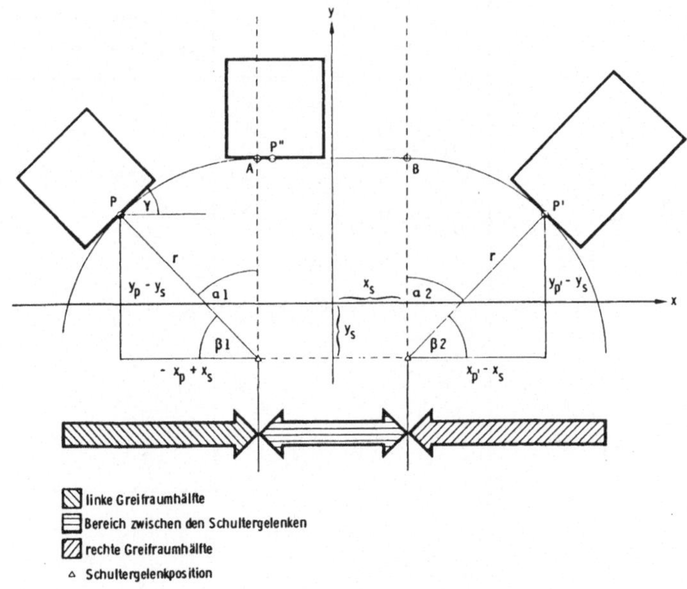

Bild 25: Geometrische Zusammenhänge zur Datentransformation aus dem 2-D-Modell in den 3-D-Raum

Dabei sind:

$\hat{x}_p, \hat{z}_p$	=	Koordinaten des Bezugspunktes im 2-D-Modell
x_p, y_p, z_p		Koordinaten des Bezugspunktes im 3-D-Raum
x_s, y_s, z_s		Koordinaten des rechten Schultergelenkes
$-x_s, y_s, z_s$		Koordinaten des linken Schultergelenkes
r	=	Greifradius
γ	=	Drehwinkel
$\alpha_1, \alpha_2, \beta_1, \beta_2$	=	Hilfswinkel

Damit ergeben sich z.B. für die Basisbehälter folgende Rückabbildungsfunktionen, wobei hier wieder zwischen dem linken und rechten Greifraumbereich sowie dem Bereich innerhalb der beiden Schultergelenke unterschieden wird.

linker Greifraumbereich	rechter Greifraumbereich	Bereich zwischen den Schultergelenken
$\alpha_1 = \frac{-\hat{x}_p + x_s}{r}$	$\alpha_2 = \frac{\hat{x}'_p - x_s}{r}$	—
$\beta_1 = \frac{\pi}{2} - \alpha_1$	$\beta_2 = \frac{\pi}{2} - \alpha_2$	—
$x_p = -r \cdot \cos\beta_1 + x_s$	$x'_p = r \cdot \cos\beta_2 + x_s$	$x''_p = \hat{x}''_p$
$y_p = r \cdot \sin\beta_1 - \lvert y_s \rvert$	$y'_p = r \cdot \sin\beta_2 - \lvert y_s \rvert$	$y''_p = r - \lvert y_s \rvert$
$\gamma = \frac{\pi}{2} - \beta_1$	$\gamma = -\left(\frac{\pi}{2} - \beta_2\right)$	$\gamma = 0$

Von der Transformation nicht betroffen ist die Höhe des Behälterbezugspunktes $z_p = \hat{z}_p$. Zur Berechnung der Hilfswinkel α und β muß die Bogenlänge $\widehat{AP}$ (links) bzw. $\widehat{BP'}$ (rechts) ermittelt werden. Die $\hat{x}_p$-Koordinate im 2-D-Modell entspricht genau dieser Bogenlänge, verkleinert um den halben Schultergelenkabstand x_s.

Wenn alle Behälterbezugspunkte im 3-D-Raum berechnet sind, erhält der Programmanwender als Ergebnis der Teilebehälteranordnung eine schematische Darstellung des Arbeitsplatzlayouts. Diese Darstellung zeigt sowohl eine Drauf- als auch eine Frontansicht der generierten Behälteranordnung (Bild 26).

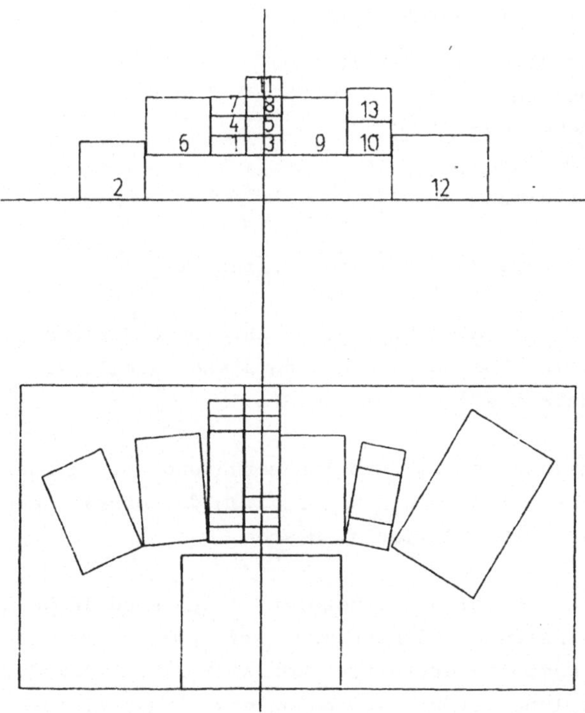

Bild 26: Vereinfachte Darstellung eines Arbeitsplatzlayouts als Frontansicht und Draufsicht

Darüber hinaus wird als Maßstab für die Beurteilung der Güte einer Teilebehälteranordnung der Wert der Zielfunktion am Bildschirmterminal ausgegeben. Diese Information erlaubt dem Arbeitsplaner eine schnelle Bewertung von alternativen Lösungsvorschlägen im Sinne der Zielfunktion.

5.6 Berechnung der beeinflußbaren Tätigkeitszeit

Eine wesentliche Voraussetzung für die umfassende Beurteilung einer Gestaltungslösung ist die Kenntnis der zur Arbeitsausführung erforderlichen Tätigkeitszeit. Zu deren Ermittlung werden in der Praxis, abhängig von der geforderten Analysegenauigkeit oder dem zur Analysenerstellung notwendigen Zeitaufwand unterschiedliche Verfahren eingesetzt. So kann die Tätigkeitszeit z.B. durch

- Schätzen und Vergleichen
- Messen
- Berechnen

oder mit Hilfe eines

- Systems vorbestimmter Zeiten /22/

erfaßt werden. Eine ausführliche Beschreibung der einzelnen Verfahren ist in /50/ aufgezeigt, an dieser Stelle soll deshalb nicht näher darauf eingegangen werden.

Für die Ermittlung der zur Arbeitsausführung notwendigen Tätigkeitszeit eignet sich im Planungsstadium der Einsatz eines Systems vorbestimmter Zeiten am besten.

Wie bereits in Kapitel 3.2.2 gezeigt wurde, sind in Deutschland vor allem die beiden Verfahren MTM (Methods-Time-Measurement) und WF (Work-Factor) verbreitet. Der zeitliche Aufwand zur Analysenerstellung ist bei Anwendung sowohl des WF- als auch des MTM-Grundverfahrens /51/ sehr hoch. Für beide Systeme wurde deshalb auf der Basis der Grundverfahren Planzeitwerte /51/ entwickelt, die dem Anwender eine wesentliche schnellere Analysenerstellung ermöglichen.

Der Aufbau von Planzeitwerten sowie deren Verbreitung ist beim MTM-Verfahren besonders weit fortgeschritten. Dies führte unter Berücksichtigung der Forderung nach einem möglichst universell einsetzbaren Analyseinstrumentarium zu der Entscheidung, das MTM-UAS-Verfahren (Universelles Analysiersystem) /52/ zur Zeitermittlung in das vorliegende Programmsystem zu integrieren.

Bei der Analysenerstellung werden entsprechend der im Montageplan dokumentierten Montagefolge (vgl. Kapitel 5.2) alle zur Bearbeitung der Montageaufgabe erforderlichen Arbeitsoperationen nacheinander analysiert. Die Aufgabe des Arbeitsplaners besteht dabei im wesentlichen nur noch in der Festlegung der jeweils auszuführenden Tätigkeit gemäß den MTM-UAS-Regeln und in der Eingabe dieser Daten in den Rechner.

Um Eingabefehler gegebenenfalls sofort korrigieren zu können, werden alle Eingaben von der Programmlogik hinsichtlich der zu berücksichtigenden Analyseregeln auf Plausibilität überprüft. Zur Reduzierung des Zeit- und Arbeitsaufwandes für die Texteingabe in den Rechner sind die bei der Analysenerstellung notwendigen MTM-UAS-Standardtexte programmintern bereits abgespeichert und können vom Rechner jeweils direkt abgerufen werden. Außerdem wird die zur Zeitermittlung notwendige Berechnung des jeweiligen Entfernungsbereiches und der Abruf des Bauteilgewichts aus dem Montageplan selbständig von der Programmlogik übernommen.

Als Ergebnis dieses Arbeitsschrittes erhält der Programmanwender ein Protokoll der durchgeführten MTM-UAS-Analyse Darüber hinaus werden die wichtigsten Zeitanteile der so ermittelten Tätigkeitszeit prozentual aufgeschlüsselt und sowohl in Tabellen- als auch in Histogrammform dargestellt (Bild 27). Damit kann die zur Beurteilung einer Gestaltungslösung notwendige Transparenz der Analyseergebnisse gewährleistet werden.

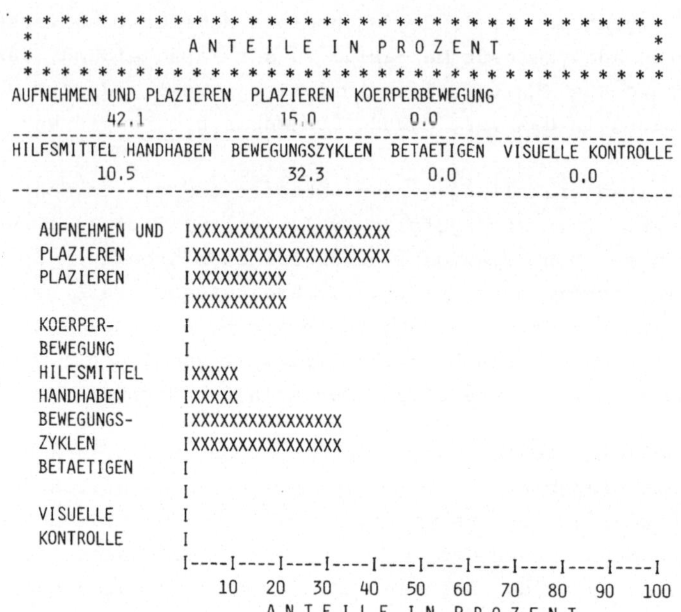

Bild 27: Aufschlüsselung der Tätigkeitszeit in ihre wichtigsten Zeitanteile.

Das beschriebene Verfahren zur Zeitermittlung kann jedoch nur für die Bestimmung der vom Menschen beeinflußbaren Zeiten eingesetzt werden. Soll darüber hinaus die Vorgabezeit einer Montageaufgabe bestimmt werden, ist es notwendig, weitere Zeitanteile wie z.B. Warte- Erholungs- oder Verteilzeiten der Mitarbeiter in diese Betrachtungen miteinzubeziehen. Um den Arbeitsaufwand für die Ermittlung der Vorgabezeit so gering als möglich zu halten, besteht für den Programmanwender die Möglichkeit, die mit Hilfe des MTM-UAS-Systems ermittelte Tätigkeitszeit durch entsprechende prozentuale Zuschläge bezogen auf diese Tätigkeitszeit zu ergänzen.

5.7 Berechnung der Montagekosten

Bei der Anwendung des Programmsystems ARPLA werden in der Regel mehrere Lösungsvorschläge zur Arbeitsplatzgestaltung entwickelt und hinsichtlich der zur Arbeitsausführung benötigten Tätigkeitszeit bewertet (vgl. Kapitel 5.6). Ziel dieser zeitlichen Bewertung ist die Schaffung einer Entscheidungsgrundlage für die Bestimmung der letztendlich zu realisierenden Gestaltungsalternative. Die ausschließliche Berücksichtigung der Tätigkeitszeit reicht dazu jedoch nicht aus. Vielmehr müssen bei diesem Entscheidungsprozeß die Montagekosten pro Stück - als eine weitere Entscheidungsgröße für die Beurteilung der Wirtschaftlichkeit eines Arbeitsplatzes - in die Überlegungen miteinbezogen werden.

Die Montagekosten lassen sich entsprechend Gleichung 19 errechnen. Dabei werden die Gesamtkosten eines Zeitraums auf die in diesem Zeitraum hergestellten bzw. herzustellenden Erzeugnisse verrechnet /53/.

Sei

K_M = Montagekosten pro Stück
A_U = lineare Abschreibung für Universalbetriebsmittel
A_S = lineare Abschreibung für Sonderbetriebsmittel
K_Z = kalkulatorische Zinsen
K_R = Raumkosten
K_I = Kosten für Instandsetzung und Erhaltung
L = Lohnkosten
M = Anzahl der im Betrachtungszeitraum herzustellenden Produkte

dann ergeben sich die Montagekosten zu:

$$K_M = \frac{A_U + A_S + K_Z + K_R + K_I}{M} + L \qquad (19)$$

In einem ersten Arbeitsschritt sind die Abschreibungskosten der Betriebsmittel zu bestimmen. Die dazu erforderlichen Investitionsausgaben können für die aus der Ausrüstungselemente-Datei ausgewählten Betriebsmittel den programmintern pro Element gespeicherten Daten entnommen werden. Die Kostendaten aller weiteren, nicht aus der Datei ausgewählten Betriebsmittel - dazu sind insbesondere die Sonderbetriebsmittel zu rechnen - müssen vom Arbeitsplaner im Dialog in den Rechner eingegeben werden.

Bei der Festlegung der kalkulatorischen Zinsen, sowie der Kosten für Instandsetzung und Erhaltung hat es sich in der Praxis bewährt, diese als prozentuale Zuschläge zu den Gesamtinvestionsausgaben zu verrechnen. Da die jeweiligen prozentualen Anteile anwenderspezifisch stark voneinander abweichen können, muß für jede Gestaltungsaufgabe im Dialog mit dem Rechner eine entsprechende Anpassung dieser Daten vorgenommen werden.

Die Raumkosten ergeben sich aus dem zur Installation des Arbeitsplatzes benötigten Raumbedarf multipliziert mit den unternehmensspezifischen Raumkosten pro m^2. In diesen Raumkosten sind in der Regel die Kosten für Heizung, Energie usw. bereits enthalten.

Neben den erläuterten Kostenarten wird die Höhe der Montagekosten - insbesondere an arbeitsintensiven, manuellen Montagearbeitsplätzen - sehr stark durch die Lohnkosten beeinflußt. Diese lassen sich aus Vorgabezeit, Lohngruppe und gegebenenfalls weiteren Zuschlägen bestimmen.

Wenn alle zum Programmablauf benötigten Kostendaten vorliegen, errechnet die Programmlogik entsprechend Gleichung 19 die Montagekosten pro Stück (Bild 28).

E R M I T T L U N G D E R M O N T A G E K O S T E N / S T U E C K

ABSCHREIBUNG UNIVERSALBETRIEBSMITTEL	DM/JAHR	275.25
ABSCHREIBUNG SONDERBETRIEBSMITTEL	DM/JAHR	1000.00
KALKULATORISCHE ZINSEN	DM/JAHR	287.03
INSTANDSETZUNG UND ERHALTUNG	DM/JAHR	575.25
RAUMKOSTEN	DM/JAHR	571.00
SONSTIGE (FIXE) KOSTEN	DM/JAHR	0.00
FIXE KOSTEN PRO JAHR	DM/JAHR	2708.13
PLANSTUECKZAHL	STCK/JAHR	11000
FIXE KOSTEN PRO STUECK	DM/STCK	.25
VORGABEZEIT INCL. ZUSCHLAEGE	MIN/STCK	12.10
LOHN- UND LOHNNEBENKOSTEN	DM/STCK	3.04
SONSTIGE (VARIABLE) KOSTEN	DM/STCK	0.00
VARIABLE KOSTEN PRO STUECK	DM/STCK	3.04
MONTAGEKOSTEN PRO STUECK (VARIABEL + FIX)	DM/STCK	3.29

Bild 28: Errechnung der Montagekosten mit Hilfe des Programmsystems ARPLA

5.8 Graphische Darstellung der Planungsergebnisse

Zur Visualisierung der Planungsergebnisse kann vom Programmanwender eine dreidimensionale Darstellung des Arbeitsplatzlayouts sowohl am Bildschirmterminal als auch mit Hilfe eines Plotters erzeugt werden. Ein wesentliches Ziel dieser räumlichen Darstellung ist darin zu sehen, daß der Arbeitsplaner das anstehende Gestaltungsproblem schneller und umfassender beurteilen kann, als dies nur auf der Basis von schriftlichen Informationen möglich wäre. Diese Art der visuellen Darstellung der Planungsergebnisse stellt damit eine weitere Grundlage für die Entscheidungsvorbereitung und Entscheidungsfindung bei der Beurteilung einer Gestaltungslösung dar.

Für die graphische Darstellung eines Arbeitsplatzes kann der Arbeitsplaner zwischen zwei Programmroutinen wählen. Diese unterscheiden sich im wesentlichen nur dadurch, daß bei einer Routine alle "verdeckten Kanten" der darzustellenden Gestaltungslösung "unterdrückt" werden (Bild 29), bei der anderen Routine jedoch alle Kanten sichtbar sind (Bild 30).

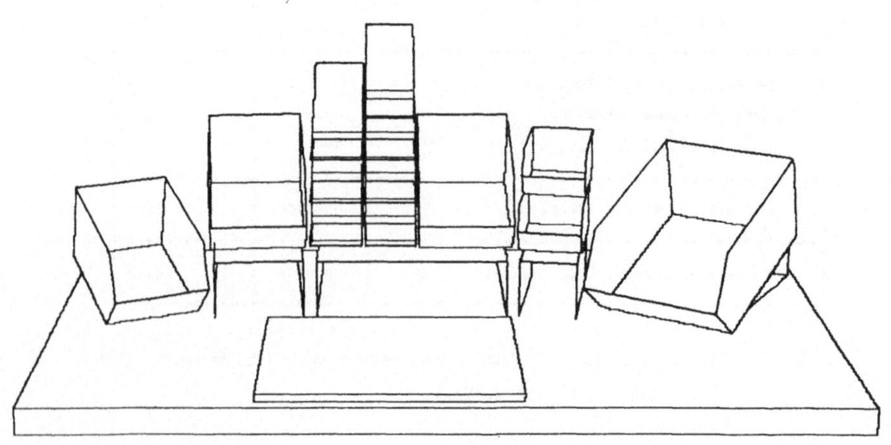

Bild 29: Arbeitsplatzlayout, "verdeckte Kanten unterdrückt"

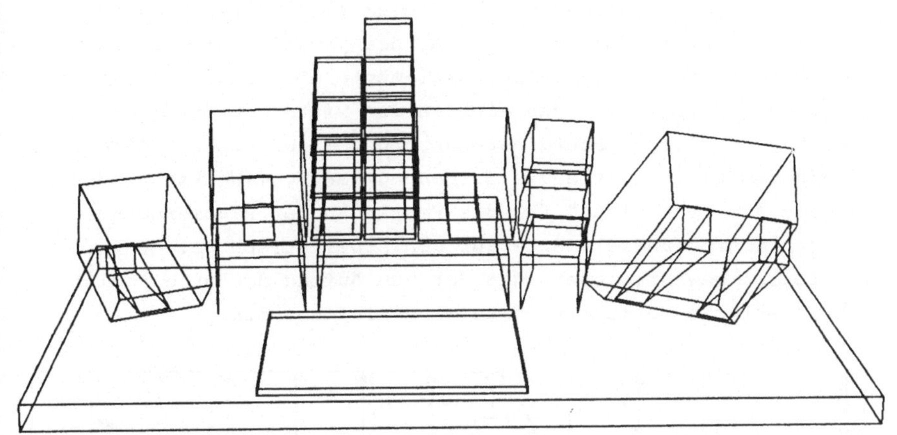

Bild 30: Arbeitsplatzlayout "verdeckte Kanten sichtbar"

Obwohl diese zweite Darstellungsform weniger übersichtlich wirkt, bietet sie aufgrund des zur Bildgenerierung wesentlich geringeren Rechenzeitaufwandes nicht zu unterschätzende Vorteile. Dies ist insbesondere dann der Fall, wenn in kurzen Zeitabständen mehrere alternative Gestaltungsvorschläge erzeugt und z.B. hinsichtlich ihrer räumlichen Verhältnisse beurteilt werden sollen.

Unabhängig von der gewählten Darstellungsroutine erzeugt der Rechner fünf fest vorgegebene Standardansichten des zu betrachtenden Arbeitsplatzes. Beispiele dafür sind im Anhang A3 aufgezeigt. Darüber hinaus kann der Programmanwender durch einfache Veränderung der Koordinaten des Beobachtungspunktes jede beliebige Ansicht des Arbeitsplatzes selbst vorgeben. Die dazu notwendigen Programmeingaben sind im Dialog auszuführen.

Als wesentliches Hilfsmittel für die Realisierung des Arbeitsplatzes ist die Erstellung einer bemaßten Werkstattzeichnung im Maßstab 1 : 1 anzusehen. In diesem als Draufsicht dargestellten Arbeitsplatzlayout sind die jeweils auf der Tischfläche angeordneten Ausrüstungselemente mit genauen Positionsangaben - bezogen auf den sich in der Mitte der Tischvorderkante befindlichen Koordinatenursprung - aufgezeigt (Bild 31). Diese vom Plotter erzeugte Zeichnung kann vom Werkstattpersonal direkt als "Schablone" für das Festlegen der Placierpunkte dieser Ausrüstungselemente auf den Arbeitstisch gelegt werden. Damit ist gewährleistet, daß der zum Aufbau des Arbeitsplatzes erforderliche Vorbereitungsaufwand minimal wird.

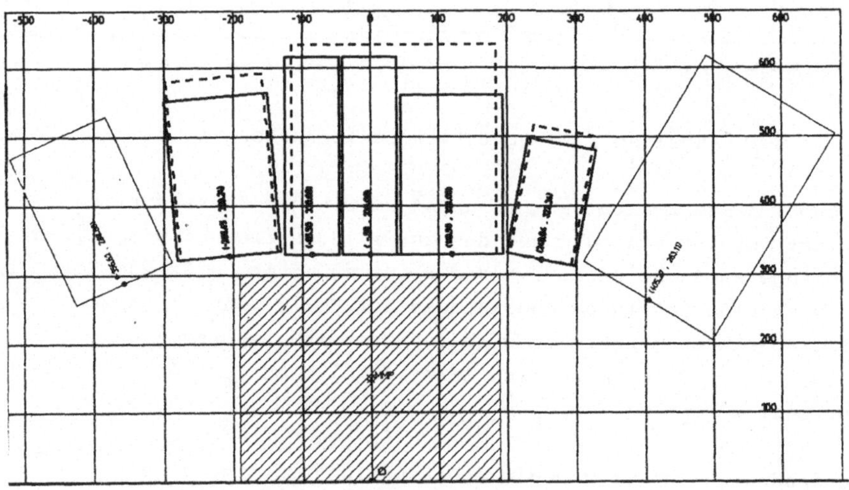

Bild 31: Bemaßte Draufsicht des Arbeitsplatzlayouts

Parallel zur graphischen Ausgabe der Planungsergebnisse erhält der Programmanwender alle zum Aufbau des Arbeitsplatzes erforderlichen Informationen in Form eines schriftlichen Protokolls bereitgestellt.

6 Wirtschaftlichkeitsbetrachtung der rechnerunterstützten Gestaltung von Montagearbeitsplätzen mit Hilfe des Programmsystems ARPLA

6.1 Problematik der Wirtschaftlichkeitsbetrachtung

Aufgrund der zum Teil beträchtlichen Kosten für die Einführung und den Betrieb rechnerunterstützter Planungssysteme stellt sich in der Regel jedes Unternehmen vor einer endgültigen Entscheidung für eine solche Investitionsmaßnahme die Frage nach deren Wirtschaftlichkeit. Unter dem Begriff Wirtschaftlichkeit wird in diesem Zusammenhang in der Regel die Gegenüberstellung von Kosten und Nutzen verstanden /54/. Hierbei lassen sich grundsätzlich zwei Arten von Kosten- und Nutzengrößen unterscheiden /55/

- o monetär quantifizierbare Größen
- o monetär nicht bzw. schwer quantifizierbare Größen

Eine Zusammenstellung der wichtigsten dieser Kosten- und Nutzengrößen sind in Bild 32 aufgezeigt.

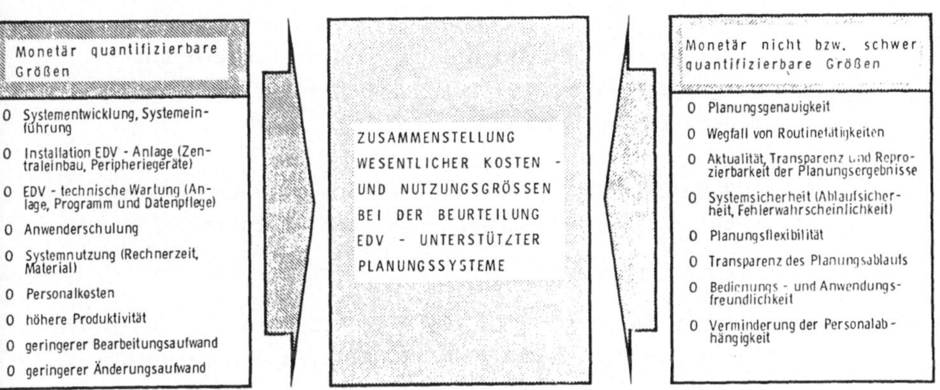

Bild 32: Zusammenstellung wesentlicher Kosten- und Nutzengrößen bei der Beurteilung EDV-unterstützter Planungssysteme /55/

Das Vorhandensein sowohl monetär quantifizierbarer als auch monetär nicht quantifizierbarer Kosten- und Nutzengrößen macht den Nachweis der Wirtschaftlichkeit eines solchen Planungsinstrumentariums schwierig. Man behilft sich deshalb in der Praxis meist derart, daß man die quantifizierbaren Größen im Rahmen einer herkömmlichen Kostenrechnung erfaßt und bewertet. Alle nicht quantifizierbaren Größen können dagegen nur durch eine auf den konkreten Anwendungsfall bezogene Nutzwertanalyse /56/ beurteilt werden.

Im folgenden soll nun die Wirtschaftlichkeit des in Kapitel 5 beschriebenen Programmsystems ARPLA näher untersucht werden. Dazu erscheint es vorteilhaft, zunächst im Rahmen einer Kostenanalyse alle quantifizierbaren Beurteilungsgrößen zu erfassen und zu bewerten. Von wesentlicher Bedeutung sind hier die bei der Bearbeitung einer Gestaltungsaufgabe anfallenden Personalkosten. Darüberhinaus müssen bei der rechnerunterstützten Vorgehensweise alle mit dem Rechnereinsatz in Zusammenhang stehende Kostengrößen anteilig berücksichtigt werden. Für die Quantifizierung dieser Daten wird auf die beiden im Anhang beschriebenen Praxisbeispiele zurückgegriffen (Anhang A4).

Da der Einsatz des Programmsystems ARPLA für den Programmanwender auch nicht bzw. schwer quantifizierbare Vorteile (Nutzen) erbringt, sollen die hierbei als bestimmend anzusehenden Faktoren in einem weiteren Arbeitsschritt detailliert erfaßt und beschrieben werden.

6.2 Vergleich der Planungszeiten und Planungskosten bei der manuellen und rechnerunterstützten Vorgehensweise

Von wesentlicher Bedeutung für die Beurteilung der Wirtschaftlichkeit des Programmsystems ARPLA sind die Personalkosten, d.h. die Kosten, die bei der Bearbeitung der einzelnen, im Rahmen einer Gestaltungsaufgabe auszuführenden Arbeitsschritte anfallen.

Im vorliegenden Fall wurden dazu die Planungszeiten der beiden vorgenannten Praxisbeispiele - sowohl bei der manuellen als auch bei der rechnerunterstützten Vorgehensweise detailliert erfaßt und daraus die Planungskosten ermittelt. Das Ergebnis ist in Bild 33 aufgezeigt. Für die Daten der manuellen Vorgehensweise ist noch anzumerken, daß diese jeweils in den entsprechenden Fachabteilungen der Betriebe erfragt und mit mehreren Spezialisten dieser Fachabteilung diskutiert wurden. Die aufgezeigten Werte sind somit als gesichert anzusehen.

Arbeitsgang	Einheit	Beispiel 1		Beispiel 2	
		manuell	EDV - unterstützt	manuell	EDV - unterstützt
Beschreibung der Montageaufgabe	h	2	0,5	2	0,5
Auswahl von Ausrüstungselementen	h	5	0,5	4,5	0,4
Bestimmung der Greifraumgrenzen	h	0,5	0	0,5	0
Anordnung von Ausrüstungselementen im Greifraum	h	1,5[1]	0,7	2	0,5
Graphische Darstellung der Planungsergebnisse					
o Dreidimensionale Darstellung	h	-	0,1	-	0,1
o Bemaßte Draufsicht des Arbeitsplatzlayouts	h	-	0,1	2	0,1
Berechnung der beeinflußbaren Tätigkeitszeit	h	4	0,5	0,5	0,3
Berechnung der Montagekosten	h	1	0,1	0,5[2]	0,1
Gesamtplanungszeit		14	2,5	12	2,0
Planungskosten (bei 60 DM/h)	DM	840	150	720	120

Legende:

1 Aufbau im Methodenraum

2 Ermittlung der Kapitalrückflußzeit

\- Arbeitsgang wird nicht ausgeführt

Bild 33: Vergleich von Planungszeiten und Planungskosten bei der manuellen und rechnerunterstützten Vorgehensweise

Der Vergleich der personalbezogenen Planungskosten macht deutlich, daß sich bei beiden Anwendungsfällen die rechnerunterstützte Vorgehensweise als wesentlich kostengünstiger in Relation zur manuellen Vorgehensweise erweist.

Dies ist insbesondere darauf zurückzuführen, daß bei der rechnerunterstützten Vorgehensweise zeitaufwendige Routinetätigkeiten wie z.B. das Auswählen von Ausrüstungselementen aus Katalogen oder die Darstellung von Planungsergebnissen nahezu vollständig von der Programmlogik übernommen werden. Darüber hinaus sind wesentliche Zeitersparnisse durch den Einsatz eines entsprechend gestalteten Programm-Moduls für die Anordnung von Ausrüstungselementen am Arbeitsplatz zu verzeichnen.

Neben den personalbezogenen Planungskosten müssen bei der rechnerunterstützten Vorgehensweise auch Aufwendungen für die hardwaremäßige Erstellung der EDV-Anlage mitberücksichtigt werden. Dazu gehören im wesentlichen die Anschaffungskosten der Rechenanlage sowie die Kosten für Rechner-Peripheriegeräte wie Bildschirmterminal, Schnelldrucker und Plotter.
Diese Kosten werden im Betrieb üblicherweise auf alle Benutzer der Rechenanlage umgelegt, wobei als Verrechnungseinheit in der Regel die anteilige Rechen- sowie die Anschlußzeit an den Rechner verwendet werden.

Einen weiteren Kostenblock stellen die Systemeinführungs- und Systempflegekosten dar.
Die Systemeinführungskosten ergeben sich im wesentlichen aus dem Kaufpreis des Programmes, den Kosten für dessen Implementierung auf der betriebsseitig vorgesehenen Rechenanlage sowie dem Schulungsaufwand für das Einlernen der Arbeitsplaner in den rechnerunterstützten Planungsablauf. Da die Höhe dieses Kostenblocks sehr stark von der Anzahl möglicher Programmanwender, d.h. von der Verbreitung des Programmsystems abhängt, ist eine exakte Bestimmung zum jetzigen Zeitpunkt schwierig. Man geht deshalb für die weitere Rechnung von einem Schätzwert aus, der in Anlehnung an die Systemeinführungskosten ähnlicher komplexer Programmsysteme beim Programmsystem ARPLA auf DM 40 000 festgelegt wurde.

Die Systempflegekosten beinhalten die Wartung der Rechenanlage und "laufende Pflege" des Programmsystems. Erfahrungswerte zeigen, daß diese Kosten etwa 10 % der Systemeinführungskosten pro Jahr betragen /57/. Damit lassen sich die Systemeinführungs- und Systempflegekosten wie folgt berechnen:

$$K_S = \left(\frac{S_{EK}}{S_{ND}} + \frac{S_{EK} \cdot Z}{2 \cdot 100\ \%} + S_{KP} \right) \cdot \frac{1}{AW} \qquad (20)$$

Dabei sind:

S_{EK} = Systemeinführungskosten

S_{ND} = Systemnutzungsdauer

S_{KP} = Systempflegekosten

Z = Kalkulatorischer Zinssatz

AW = Anzahl der Anwendungsfälle

K_S = Systemeinführungs- und Systempflegekosten pro Anwendungsfall.

Geht man von einer Systemnutzungsdauer von ca. 5 Jahren, kalkulatorischen Zinsen von 8 % und ca. 80 Anwendungsfällen pro Jahr aus - diese Zahlenangaben werden von den entsprechenden Fachabteilungen der Betriebe als realistisch angesehen - dann ergeben sich die Systemeinführungs- und Systempflegekosten des Programmsystems ARPLA für einen Anwendungsfall zu DM 170.

Eine Zusammenstellung aller Kostenarten, die in direktem Zusammenhang mit dem Einsatz des Rechners bei der Bearbeitung der beiden vorgenannten Anwendungsbeispiele entstand, zeigt Bild 34. Es handelt sich hierbei im wesentlichen um die Kosten für die Durchführung der Berechnungen, die Kosten für den Anschluß an die Rechenanlage sowie die Systemeinführungs- und -pflegekosten.

		Beispiel 1	Beispiel 2
Rechenzeitaufwand			
0 graphische Darstellung	h	0,06	0,05
0 restliche Arbeitsgänge	h	0,02	0,02
Anschlußzeit an den Rechner	h	2,5	2,0
Kosten für Rechnerzeit (2000 DM/h)	DM	160.-	140.-
Kosten für Anschlußzeit (30 DM/h)	DM	75.-	60.-
Systemeinführungs- und pflegekosten	DM	170.-	170.-
EDV - abhängige Kosten	DM	405.-	370.-

Bild 34: EDV-abhängige Kostenarten

Von Bedeutung für eine Gesamtbeurteilung des Programmsystems ARPLA hinsichtlich seiner wirtschaftlichen Einsatzmöglichkeit ist die Betrachtung aller bei der Bearbeitung einer Gestaltungsaufgabe anfallenden Kosten (Bild 35). Es ist festzustellen, daß auch nach der Addition der EDV-abhängigen Kosten zu den personalbezogenen Kosten die rechnerunterstützte Vorgehensweise eine wesentliche kostengünstigere Problemlösung als die manuelle Vorgehensweise ermöglicht. Insgesamt betrachtet ergeben sich beim Einsatz des Programmsystems ARPLA für die beiden Anwendungsbeispiele Einsparungsmöglichkeiten von etwa 30% der ursprünglichen Planungskosten.

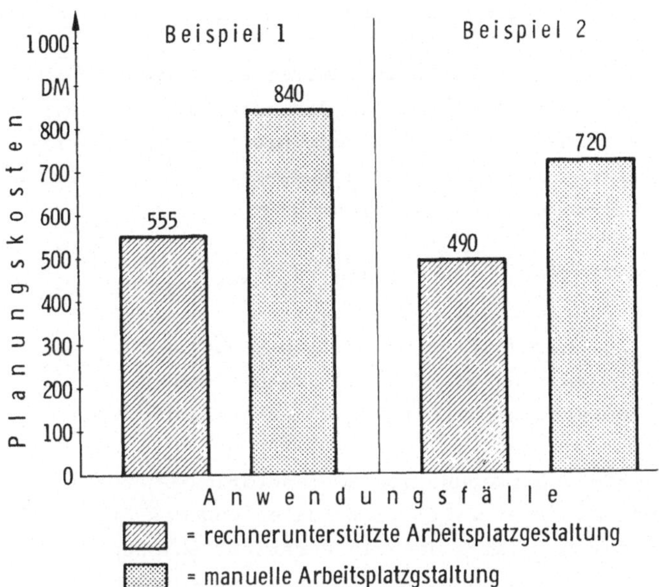

Bild 35: Vergleich der Planungskosten für den manuellen und rechnerunterstützten Planungsablauf

Für eine umfassende Beurteilung des vorliegenden Programmsystems reicht es jedoch nicht aus, nur die quantifizierbaren Größen zu erfassen und zu bewerten. Vielmehr müssen in diese Betrachtungen in verstärktem Maße auch die nicht bzw. schwer quantifizierbaren Faktoren miteinbezogen werden.

6.3 Nicht bzw. schwer quantifizierbarer Nutzen des Programmsystems ARPLA

Als Ergänzung zu der bereits in Kapitel 6.2 diskutierten Kostenanalyse sollen im folgenden die beim Einsatz des Programmsystems ARPLA zu erwartenden nicht bzw. schwer quantifizierbaren Nutzenaspekte aufgezeigt und beschrieben werden. Dazu gehören im wesentlichen

- o Verringerung der Routinetätigkeiten und Verkürzung der Planungszeit
- o Planungsqualität und Ergebnisausgabe
- o Transparenz des Planungsablaufs und Reproduzierbarkeit der Planungsergebnisse.

Die weitgehende Übertragung von Routinetätigkeiten auf den Rechner führt zu einer zeitlichen Entlastung des Arbeitsplaners. Dieser kann sich deshalb verstärkt solchen Gestaltungsaufgaben zuwenden, die Kreativität erfordern, wie z.B. die Festlegung der Arbeitsmethode. Unterstützend wirkt sich in diesem Zusammenhang der wesentlich geringere Zeitaufwand aus, der für die Planungsdurchführung mit Hilfe des Rechners aufzuwenden ist. Der Arbeitsplaner erhält damit die Möglichkeit mit einem vertretbaren Arbeits- und Zeitaufwand mehrere unterschiedliche Lösungsvorschläge zu erarbeiten, zu bewerten und in einem iterativen Prozeß so lange zu verbessern, bis eine bestmögliche Gestaltungslösung erreicht ist. Der Gesamtplanungsablauf kann sich hierbei von mehreren Tagen auf wenige Stunden reduzieren. Darüberhinaus ergeben sich weitere Vorteile hinsichtlich der Genauigkeit der zu erwartenden Planungsergebnisse.

Dies ist im wesentlichen auf eine umfassende Plausibilitätsüberprüfung nahezu aller Programmeingaben und auf die Weiterverarbeitung dieser Daten mit Hilfe einer fest vorgegebenen Programmlogik zurückzuführen.

Die graphische Ausgabe aller wesentlichen Planungsergebnisse - dazu gehören insbesondere die dreidimensionale Darstellung des Arbeitsplatzlayouts, das bemaßte Werkstattlayout sowie die Ergebnisse der Zeit- und Kostenanalyse bietet weitere entscheidende Vorteile der rechnerunterstützten Planungsdurchführung. Diese ergeben sich für den Arbeitsplaner in der Möglichkeit, die Einhaltung bestimmter Gestaltungsrichtlinien mit Hilfe der graphischen Darstellung besser überprüfen zu können. Darüberhinaus erlaubt die Visualisierung der Planungsergebnisse eine schnelle und einfache Beurteilung der Gestaltungslösung.

Ein weiterer Vorteil des Programmsystems ARPLA ist in der Transparenz des Planungsablaufs und in der Reproduzierbarkeit der Planungsergebnisse zu sehen. Dies kann sich insbesondere dann als vorteilhaft erweisen, wenn zu einem späteren Zeitpunkt Planungsergebnisse aufgrund geänderter Randbedingungen nur in Teilbereichen modifiziert werden müssen.

7 Zusammenfassung

Bei der Konzeption von Montagesystemen kommt der Feinplanung von Arbeitsplätzen im Sinne einer Anpassung der Arbeit an den Menschen eine wichtige Bedeutung zu. Der Arbeitsplaner bestimmt hier die Arbeitsmethode, das Arbeitsverfahren sowie die Arbeitsbedingungen und beeinflußt damit direkt die Höhe der Herstellkosten. Die sich daraus ergebende Planungsaufgabe erfordert zu deren Lösung in der Regel einen hohen Arbeits- und Zeitaufwand, der jedoch in der Praxis häufig nicht erbracht werden kann. Analysiert man dazu die Situation in den entsprechenden Fachabteilungen der Betriebe, so ist festzustellen, daß diese durch einen hohen Termindruck bei der Projektbearbeitung und gleichzeitig durch einen akuten Mangel an qualifiziertem Planungspersonal gekennzeichnet ist. Erschwerend wirkt sich bei der Projektbearbeitung in vielen Fällen auch das Fehlen nicht systematisch aufbereiteter Planungsmethoden und Planungshilfsmittel aus, das dazu führt, daß die Qualität der Planungsergebnisse und die Höhe des zur Planungsdurchführung notwendigen Aufwandes in erster Linie von der Qualifikation des jeweiligen Arbeitsplaners abhängt. Die Möglichkeit, daß weniger gut gestaltete Arbeitsplätze realisiert werden, steigt dabei, wie Erfahrungswerte zeigen, mit der Anzahl der parallel zu bearbeitenden Planungsaufgaben.

Die aufgezeigten Schwachstellen bei der Vorgehensweise zur Arbeitsplatzgestaltung sind der Ausgangspunkt für die Entwicklung eines rechnerunterstützten, dialogfähigen Planungsinstrumentariums für die Gestaltung ortsgebundener Montagearbeitsplätze. Der Einsatz der EDV als Hilfsmittel zur Problemlösung erscheint sinnvoll, da eine Vielzahl der vom Arbeitsplaner auszuführenden Routinetätigkeiten algorithmierbar ist und mit Hilfe eines Rechners wesentlich schneller als manuell ausgeführt werden kann.

Die sich daraus ergebende zeitliche Entlastung ermöglicht dem Planer eine stärkere Konzentration auf seine eigentlichen Gestaltungsaufgaben, so daß mit einem besseren Planungsergebnis gerechnet werden kann .

Von wesentlicher Bedeutung in Bezug auf eine Minimierung des Planungsaufwandes und eine Erhöhung der Planungsgenauigkeit war die Entwicklung und EDV-technische Realisierung eines Modells für die Anordnung von Teilebehältern im Greifraum. Dieses Modell ermöglicht es neben technischen und ergonomischen Randbedingungen die Behältergeometrie und -kombinierbarkeit in den Anordnungsvorgang miteinzubeziehen. In diesem Rahmen wird auch ein Algorithmus zur exakten Bestimmung des Fassungsvermögens von Teilebehältern mit rotationsymmetrischen Montageteilen entwickelt.

Als Basis für die Handhabung des entwickelten Programmsystems zur Gestaltung ortsgebundener Montagearbeitsplätze (ARPLA) muß der Arbeitsplaner zu Beginn des Programmablaufs eine Beschreibung der Montageaufgabe im Dialog in den Rechner eingeben. Alle Eingabedaten werden auf Plausibilität überprüft, so daß gegebenenfalls eine unmittelbare Fehlerkorrektur erfolgen kann. Daran anschließend wird die rechnerunterstützte Bearbeitung der einzelnen Planungsschritte im Dialog mit dem Rechner ausgeführt. Dadurch hat der Planer jederzeit die Möglichkeit, korrigierend in den Planungsablauf einzugreifen. Die Ausgabe der Planungsergebnisse kann wahlweise am Bildschirmterminal oder Schnelldrucker bzw. Plotter erfolgen.

In einem abschließenden Kapitel wird die Wirtschaftlichkeit des Programmsystems ARPLA näher untersucht und das Ergebnis am Beispiel von 2 Anwendungsfällen aus unterschiedlichen Branchen quantifiziert. Dabei ist festzustellen, daß neben nicht bzw. schwer quantifizierbaren Nutzengrößen Einsparungsmöglichkeiten bei den Planungskosten von etwa 30% in Relation zur manuellen Vorgehensweise zu verzeichnen sind .

insgesamt betrachtet ergeben sich für den Programmanwender durch den Einsatz des Programmsystems ARPLA Vorteile hinsichtlich des zur Planungsdurchführung notwendigen Zeitaufwandes, der zu erzielenden Planungsergebnisse und deren Genauigkeit.

8 Schrifttum

/1/ Warnecke, H.J.: Entwicklungen und Tendenzen in der Fertigungstechnik. Betriebstechnik 18 (1977) Nr. 5, S. 19 - 22

/2/ Stöferle, Th.; Dilling, H.J.; Rauschenbach, Th.: Rationalisierung und Automatisierung in der Montage Werkstatt und Betrieb 107 (1974) 6, S. 327 - 335

/3/ Woithe, G.: Kritische Anaylsen der Montageprozesse in einigen Betrieben der DDR Fertigungstechnik und Betrieb 17 (1967) 7

/4/ Steudel, M.: Automatische Montageplanerstellung Industrieanzeiger 100 (1978) 84 Seite 42 - 43

/5/ o.V.: Methodenlehre des Arbeitsstudiums Teil 3. Herausgegeben vom Verband für Arbeitsstudien REFA e.V. München: Carl Hanser Verlag 1976

/6/ Hoheisel, W.: Rechnerunterstützte Arbeitsplanerstellung mit Kleinrechnern, dargestellt am Beispiel der Blechbearbeitung Stuttgart: Universität, Dissertation 1981

/7/ Schwetz, R.: Probleme, Möglichkeiten und Ziele eines Rechnereinsatzes zur Arbeitsplanerstellung. ZWF 70 (1975) 10, S. 522 - 527

/8/ Hirschbach, O.; Hoheisel, W.: Rechnerunterstützte Montageplanerstellung nach dem Variantenprinzip. Montage - und Handhabungstechnik 2 (1976) 2, Seite 71 - 73

/9/ Radermacher, W.; Schwamborn, W.: Rationalisierung und Automatisierung der Arbeitsplanung. Industrieanzeiger 102 (1980) Nr. 55, S. 16 - 19

/10/ Haller, E.: So planen wir Arbeitsplätze mit dem Computer. Management-Zeitschrift Industrielle Organisation 49 (1980) Nr. 7/8, S. 376 - 379

/11/ Miese, M.: Systematische Montageplanung in Unternehmen mit Einzel- und Kleinserienfertigung- Dissertation TH Aachen 1973

/12/ o.V.: Planung und Gestaltung von Arbeitssystemen. Stuttgart: Fraunhofer Institut für Arbeitswirtschaft und Organisation 1981

/13/ Hungenberg, W.: Der Arbeitsplatz im Büro, Teil 1. Zeitschrift für Organisation 2 (1979), S. 89 - 96

/14/ Kasteleiner, R.H.: Humane Arbeitswelt. Schlagwort oder Realität. Düsseldorf: Walter Rauh-Verlag 1974

/15/ o.V.: Methodenlehre des Arbeitsstudiums Teil 1. Herausgegeben vom Verband für Arbeitsstudien REFA e.V. München: Carl Hanser Verlag 1976

/16/ Schneider, B.: Grundlegende Gesichtspunkte zur menschengerechten Gestaltung des Arbeitsplatzes, des Arbeitsablaufs und der Arbeitsumgebung. Koblenz: 1971

/17/ Jürgens, H.W.: Körpermaße und Bewegungsraum.In: Mitteilungen des Instituts für angewandte Arbeitswissenschaft (IfaA) Heft 35. Köln: Verlag J.P. Bachem 1975

/18/ Richter, E.; Schilling , W.; Weise, M.: Montage im Maschinenbau Berlin: VEB Verlag Technik 1978

/19/ o.V.: MTM-Handbuch, Grundverfahren. Deutsche MTM-Vereinigung e.V. Hamburg: 1974

/20/ Spur, G.: Rechnerunterstüzte Konstruktion und Fertigungsplanung. Düsseldorf: VDI-Verlag 1975

/21/ Dougles, M.: Recent Advances in Computer-Aided Work Measurement. AIIE Techn. Papers 1971

/22/ Schlaich, K.: Über die Bedeutung der Systeme vorbestimmter Zeiten im Arbeitsstudium. REFA-Nachrichten 18 (1965) 2, S. 67 - 71

/23/ o.V.: MEVA-Mechanisierte Erstellung von Arbeitsablaufanalysen für das IBM-System /3. IBM-Form-Nr. C 12 - 3050 - 0

/24/ Mabry, J.E.: MTM-2: International Combined MTM Data. J. Methods-Time Measurement, Vol XI, No. 1, March-April 1966.

/25/ Mobach, M.F.: AUTORATE - computer aid in Industrial Engineering. Proceedings in the Sixteenth Industrial Engineering Institute, University of California, Berkeley, 1963

/26/ Kilpatrick, K.: Computer aided workplace design. The Journal of Methods-Time-Measurement 14 (1969) Nr. 4, S. 24 - 33

27/ Towne, D.M.: Computerized Worc-Factor.
Work Study and Management Services
Vol 13 (1969) Nr. 1

28/ Turner, R.N.: AMAS - A Method Analysis System based on Analyst-Oriented Job Descriptions. Ph. D. Dissertation The University of Michigan 1971

29/ Bonney, M.C.; Schofield, N.A.: Computerized work study using SAMMIE/AUTOMAT system.
International Journal of Production Research 9 (1971) Nr. 3, S. 36 - 46

30/ o.V.: VDI-Richtlinie 3239
Berlin: Beuth-Verlag 1963

31/ Hahn, R.; Kunerth, W.; Roschmann, K.: Die Nummerung im Fertigungsbetrieb II
Werkstattstechnik 58 (1968) 8, S. 362 - 365

32/ Hahn, R.; Kunerth, W.; Roschmann, K.: Die Nummerung im Fertigungsbetrieb III
Werkstattstechnik 58, (1969) 10, S. 482 - 486

33/ Beutel, P.; Küffner, H.; Schubö, W.: SPSS. Programm System für die Sozialwissenschaften.
Stuttgart: Gustav Fischer Verlag 1980

34/ o.V.: Integrierte Arbeitsstrukturierung am Beispiel einer Kleinmotorenmontage in einem mittelständischen Unternehmen (Hauptphase). 2. Zwischenbericht. Herausgegeben vom Bundesministerium für Forschung und Technologie 1982. Förderkennzeichen 01 HB 358 A3 -IAO-101 575

/35/ Konold, P.; Kern, H.; Reger, H.: Arbeitssystem-Elemente-Katalog Hilfsmittel zur Planung von Arbeitssystemen. Mainz: Krauskopf-Verlag 1977.

/36/ o.V.: Handbuch der Arbeitsgestaltung und Arbeitsorganisation Düsseldorf: VDI-Verlag 1980

/37/ Germeier, J.B.: Einführung in die Theorie der Operationsforschung. Berlin: Akademie-Verlag 1974

/38/ Grandjean, E.: Physiologische Arbeitsgestaltung Thun und München: Verlag Otto 1963

/39/ Quick ,J.H.; Duncan, J.H.; Malcolm, J.A.: Das Work-Factor Buch. Work-Factor, ein System vorbestimmter Zeiten zur Arbeitszeitverkürzung und Arbeitsgestaltung. München, Wien: Carl Hanser Verlag 1965

/40/ o.V.: MTM-Handbuch, Grundverfahren Deutsche MTM-Vereinigung e.V. 1974

/41/ Hirschbach, O.: Ein Beitrag zur rechnerunterstützten Montageplanerstellung. Dissertation an der Universität Karlsruhe 1977

/42/ Towne, D.M.: Recursive Functions for Analysis of Symbolic Representations of Task Structure and Human Performance. Unpublished Dissertation, University of Southern California 1969

/43/ Dück, W.: Diskrete Optimierung.
Braunschweig: Vieweg-Verlag 1977

/44/ Vogel, W.: Lineares Optimieren.
Leipzig: Akademische Verlagsgesellschaft 1967

/45/ Dantzig, G.B.: Lineares Programmieren und Erweitern.
Berlin, Heidelberg, New York: Springer-Verlag 1966

/46/ Scheer, A.W.: Elektronische Datenverarbeitung und Operation Research im Produktionsbereich - zum gegenwärtigen Stand von Forschung und Anwendung.
OR-Spektrum 2 (1980), S. 1 - 22

/47/ Steinbach, A.P.: Organisation der Dialog-Datenverarbeitung.
Bürotechnik 4 (1979) S. 367 - 370

/48/ Bachmann, G.: Rechnerunterstützte Arbeitsplanerstellung auf der Grundlage fertigungstechnisch orientierter Programmsysteme.
Dissertation TH Aachen 1973

/49/ o.V.: Bosch Arbeitshilfe für die ergonomische Arbeitsplatzgestaltung.
Stuttgart: Robert Bosch GmbH 1978

/50/ o.V.: Methodenlehre des Arbeitsstudiums Teil 2. Hrsg. vom Verband für Arbeitsstudien REFA e.V.
München: Carl Hanser Verlag 1974

/51/ Schlaich, K.: Unterschiede zwischen dem WF- und dem MTM-Verfahren
REFA-Nachrichten 18 (1965) Nr. 2, S. 72 - 78

/52/ o.V.: UAS (Universelles Analysiersystem) Lehrgangsunterlage der deutschen MTM-Vereinigung.
Hamburg: Deutsche MTM-Vereinigung 1979

/53/ Zippe, H.: Die betriebswirtschaftliche Beurteilung neuer Arbeitsformen
Stuttgart: Universität, Dissertation 1979

/54/ Lienert, J.: Beitrag zur Verbesserung der Wirtschaftlichkeit EDV-unterstützter Fertigungssteuerungssysteme durch Schwachstellenanalyse.
Stuttgart: Universität, Dissertation 1980

/55/ Kittel, Th.: Zur Bestimmung der Wirtschaftlichkeit von EDV-gestützten Produktionsplanungs- und Steuerungssysteme.
fir-Mitteilungen 40 (1981), S. 1 - 12

/56/ Zangemeister, Ch.: Nutzwertanalyse in der Systemtechnik
München: Wittemannsche Buchhandlung 1970

/57/ Häußermann, S.: Planung von Mehrstellenarbeit unter Berücksichtigung von Umfeldaufgaben.
Stuttgart: Universität, Dissertation 1980

9 Anhang

Anhang A1 Vorgehensweise zur Berechnung der Anzahl Vergleichskugeln

Für die Berechnung des theoretisch maximalen Fassungsvermögens eines Teilebehälters mit Vergleichskugeln, ist von der in Bild 36 dargestellten Soll-Lage der Vergleichskugeln auszugehen.

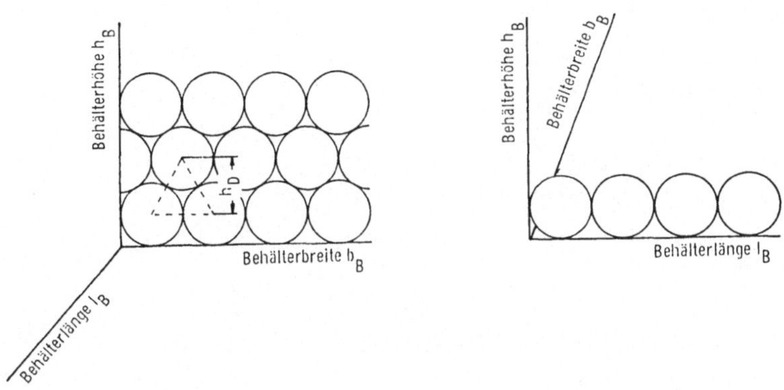

Bild 36: Lage der Vergleichskugeln in Behälterbreite, -höhe und -länge

Sei

b_B = Behälterbreite

l_B = Behälterlänge

h_B = Behälterhöhe

d_k = Durchmesser der Vergleichskugel

V_T = Volumen eines Montageteils

h_D = Abstand der Kugelschichten im Behälter

$F_{Ideal.}$ = Anzahl Vergleichskugeln pro Behälter

dann ergibt sich die Anzahl Vergleichskugeln in Behälterbreite zu :

$$m = \frac{b_B}{d_k} = \frac{b_B}{\sqrt[3]{\frac{6 \cdot V_T}{\pi}}} \tag{21}$$

in Behälterlänge zu :

$$p = \frac{l_B}{d_k} = \frac{l_B}{\sqrt[3]{\frac{6 \cdot V_T}{\pi}}} \tag{22}$$

in Behälterhöhe zu :

$$h = \frac{h_B - d_k}{h_D} + 1 \tag{23}$$

setzt man

$$h_D = d_k \cdot \sin 60^\circ, \text{ und} \tag{24}$$

$$\sin 60^\circ = \frac{1}{2}\sqrt{3} \tag{25}$$

dann läßt sich h ausdrücken als

$$h = \frac{2}{\sqrt{3}} \cdot \left(\frac{h_B}{d_k} - 1 \right) + 1 \tag{26}$$

Durch Multiplikation der Gleichungen (21), (22) und (26) erhält man die gesuchte Gleichung zur Berechnung der Anzahl Vergleichskugeln.

$$F_{Ideal.} = \frac{b_B \cdot l_B}{\left(\sqrt[3]{\frac{6 \cdot V_T}{\pi}} \right)^2} \cdot \left(\frac{2}{\sqrt{3}} \left[\frac{h_B}{\sqrt[3]{\frac{6 \cdot V_T}{\pi}}} - 1 \right] + 1 \right) \tag{27}$$

Anhang A2 Festlegung der Greifraumabmessungen

Die Bemessung des Greifraums ist abhängig von der Größe der menschlichen Gliedmaßen und ihrer Bewegungsmöglichkeit im Raum/36/.

Im allgemeinen kann sich die maßliche Dimensionierung des Greifraums nicht nur an einer Arbeitsperson orientieren ,da in der Praxis häufig verschiedene Personen mit unterschiedlichen Körpermaßen am gleichen Arbeitsplatz tätig werden. Man geht deshalb bei der Festlegung der Greifraumabmessungen (sowohl bei Männern als auch Frauen) von einer Verteilung der Körpermaße entsprechend Bild 37 aus. Dabei ist anzumerken, daß im Rahmen der Arbeitsplatzgestaltung lediglich der Größenbereich zwischen fünftem und füfundneunzigstem Perzentil als gestaltungsrelevant zu betrachten sind.

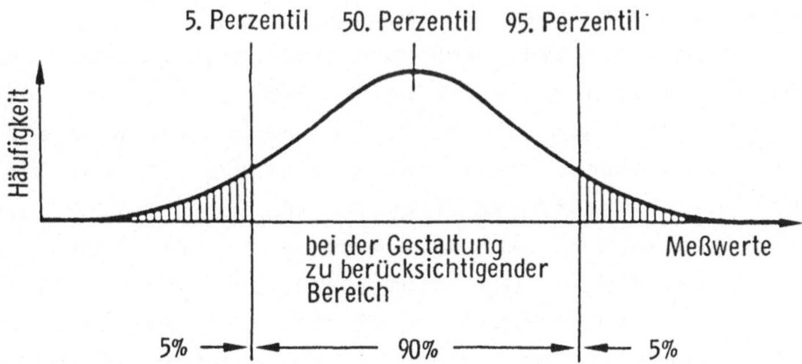

Bild 37: Verteilung der menschlichen Körpermaße, dargestellt am Beispiel der Körpergröße /17/

Grundsätzlich sollte der Greifraum nach dem "kleinsten Benutzer" d.h. nach dem fünften Perzentil des jeweiligen Körpergrößenbereichs ausgelegt werden (Bild 38). Damit kann gewährleistet werden, daß alle an einem Arbeitsplatz tätigen Personen jeden Bereich innerhalb der Greifraumgrenzen erreichen können.

Bei der Arbeitsplatzgestaltung zu berücksichtigende Körpergrößenbereiche					
Frauen		Männer		Frauen und Männer	
Körpergröße		Körpergröße		Körpergröße	
klein (5 % il) 150 cm	groß (95 % il) 176 cm	klein (5 % il) 163 cm	groß (95 % il) 190 cm	klein (5 % il) 150 cm	groß (95 % il) 190 cm
Greifraumauslegung nach der "kleinsten" Frau (150 cm)		Greifraumauslegung nach dem "kleinsten" Mann (163 cm)		Greifraumauslegung nach der "kleinsten" Frau (150 cm)	

Bild 38: Bei der Bemessung des Greifraums zu berücksichtigende Körpergrößenbereiche /49/

Die maximale Ausdehnung des Greifraums ergibt sich vereinfacht, bei gestreckten Armen und Händen, durch deren räumliche Bewegungsbahnen, als zwei nach vorn gerichtete Kugelhälften, deren Mittelpunkte sich in den beiden Schultergelenken befinden. Man bezeichnet den so zu umfahrenden Raum auch als "geometrisch (anatomisch) maximalen Greifraum". Da das Greifen von Bauteilen bei maximaler Streckung von Arm und Hand in den Grenzbereichen kaum möglich ist, geht man für die Anordnung der Ausrüstungselemente von Greifraumgrenzen aus, die um 10% kleiner als beim geometrisch maximalen Greifraum sind. Man bezeichnet diesen Greifraum als "physiologisch maximalen Greifraum".

Anhang A3 Standardansichten eines Arbeitsplatzlayouts

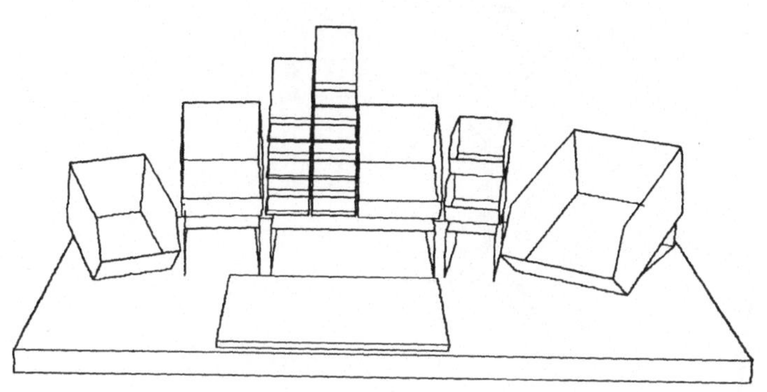

Bild 39: Ansicht des Arbeitsplatzes von vorne

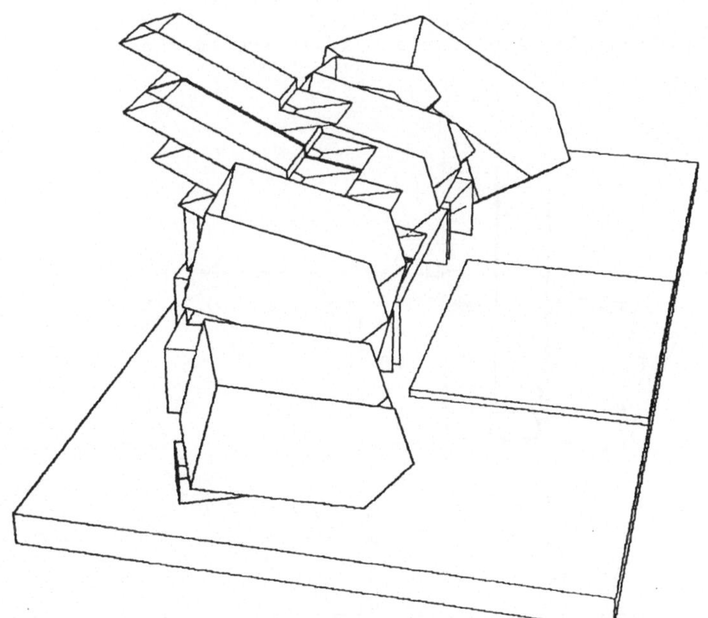

Bild 40: Ansicht des Arbeitsplatzes von links oben

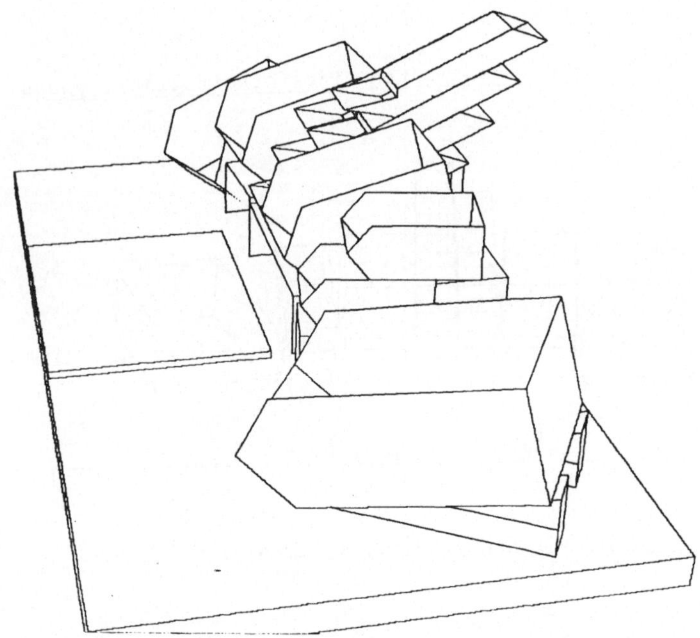

Bild 41: Ansicht des Arbeitsplatzes von rechts oben

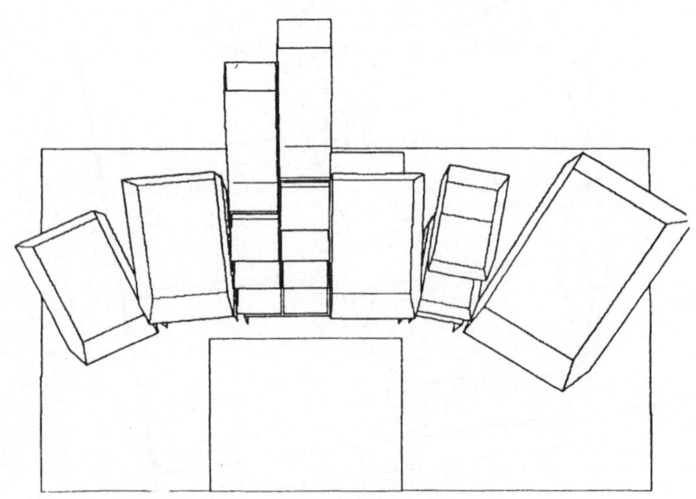

Bild 42: Ansicht des Arbeitsplatzes von oben

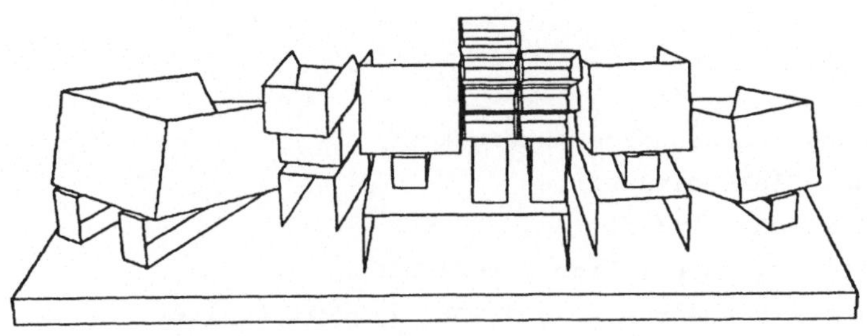

Bild 43 : Ansicht des Arbeitsplatzes von hinten

Anhang A4 Daten der Praxisbeispiele

Beispiel 1:

Benennung : Ladenwaage Anzeigekopf
Branche: Elektroindustrie
Schichtstückzahl : 50
Mitarbeitergruppe : Frau 5.Perzentil
Anzahl Teilebehälter : 13 davon 7 Greifbehälter
6 Sichtbehälter
Sperr-Raum: --
Montageraum : Breite: 380mm Plazierpunkt*: 0 , 0
Tiefe : 300mm
Höhe : 100mm

Mittlerer Montageort*: 0 , 150 , 100

Beispiel 2:

Benennung : Kettenspanner
Branche : Automobilindustrie
Schichtstückzahl : 1350
Mitarbeitergruppe : Frau 5.Perzentil
Anzahl Teilebehälter : 9 davon 9 Greifbehälter
- Sichtbehälter
Sperr-Raum : vorzusehen für Doppelschrauber + Presse
Breite: 300mm Plazierpunkt*: 0 ,200
Tiefe : 500mm
Höhe : 1150mm
Montageraum :Breite:250mm Plazierpunkt*: 0 , 100
Tiefe :100mm
Höhe :100mm
Mittlerer Montageort*: 0, 125 ,100

---

* bezogen auf Koordinatenursprung

IPA Forschung und Praxis

Schriftenreihe aus dem Institut für Produktionstechnik und Automatisierung, Stuttgart

Herausgeber: Prof. Dr.-Ing. H. J. Warnecke

Datenerfassung im Produktionsbereich
Von E. Bendeich. ISBN 3-7830-0117-8.
1977, 176 Seiten, kartoniert. 54,— DM

Methodenauswahl für die Materialbewirtschaftung in Maschinenbau-Betrieben
Von H. Graf. ISBN 3-7830-0136-6.
1977, 144 Seiten, kartoniert. 54,— DM

Systematische Auswahl von Förderhilfsmitteln für den innerbetrieblichen Materialfluß
Von W. Rau. ISBN 3-7830-0139-0.
1977, 103 Seiten, kartoniert. 40,— DM

Grundlagen zur Planung von Ersatzteilfertigungen
Von E. Schulz. ISBN 3-7830-0138-2.
1977, 98 Seiten, kartoniert. 40,— DM

Rechnerunterstützte Fabrikplanung
Von B. Minten. ISBN 3-7830-0116-1.
1977, 124 Seiten, kartoniert. 38,— DM

Eine Planungsmethode für automatische Montagesysteme
Von H.-G. Löhr. ISBN 3-7830-0120-X.
1977, 108 Seiten, kartoniert. 32,— DM

Planung und Bewertung von Arbeitssystemen in der Montage
Von H. Metzger. ISBN 3-7830-0131-5.
1977, 108 Seiten, kartoniert. 40,— DM

Klassifizierungssystem für Prüfmittel der industriellen Längenprüftechnik
Von R. Czetto. ISBN 3-7830-0144-7.
1978, 181 Seiten, kartoniert. 64,— DM

Rechnerunterstützte Montageplanung
Von O. Hirschbach. ISBN 3-7830-0149-8.
1978, 146 Seiten, kartoniert. 52,— DM

Rechnerunterstützte Entwicklung von Simulationsmodellen für Unternehmensplanspiele
Von A. Moker. ISBN 3-7830-0147-1.
1978, 181 Seiten, kartoniert. 64,— DM

Arbeitsplatzanalysen zur Ermittlung der Einsatzmöglichkeiten und Anforderungen an Industrieroboter
Von G. Herrmann. ISBN 37830-0151-X.
1978, 113 Seiten, kartoniert. 40,— DM

MFSP — Ein Verfahren zur Simulation komplexer Materialflußsysteme
Von G. Stemmer. ISBN 3-7830-0118-8.
1977, 140 Seiten, kartoniert. 60,— DM

Berührungslose Erkennung durch Positionsbestimmung von Objekten durch inkohärent-optische Korrelation
Von M. König. ISBN 3-7830-0137-4.
1977, 110 Seiten, kartoniert. 40,— DM

Auslegung von Störungspuffern in kapitalintensiven Fertigungslinien
Von R. v. Stetten. ISBN 3-7830-0140-4.
1977, 154 Seiten, kartoniert. 56,— DM

Flexible Transportablaufsteuerung
Von G. Römer. ISBN 3-7830-0114-5.
1977, 188 Seiten, kartoniert. 60,— DM

Rechnergestützte Realplanung von Fabrikanlagen
Von T.-K. Sauter. ISBN 3-7830-0119-6.
1977, 108 Seiten, kartoniert. 32,— DM

Systematisches Auswählen und Konzipieren von programmierbaren Handhabungsgeräten
Von R. D. Schraft. ISBN 3-7830-0115-3.
1977, 108 Seiten, kartoniert. 32,— DM

Auslandsproduktion
Von W. Cypris. ISBN 3-7830-0145-5.
1978, 126 Seiten, kartoniert. 42,— DM

Wirtschaftlicher Einsatz von Mehrkoordinatenmeßgeräten
Von M. Dietzsch. ISBN 3-7830-0148-X.
1978, 142 Seiten, kartoniert. 52,— DM

Fertigungssteuerung bei flexiblen Arbeitsstrukturen
Von K.-G. Lederer. ISBN 3-7830-0146-3.
1978, 128 Seiten, kartoniert. 42,— DM

Untersuchungen zum Polieren und Entgraten durch elektrochemisches Oberflächenabtragen
Von K. Zerweck. ISBN 3-7830-0150-1.
1978, 110 Seiten, kartoniert. 40,— DM

Stufenweise Ableitung eines praktischen Planungssystems für den Entwicklungsbereich
Von R. Hichert. ISBN 3-7830-0149-8.
1978, 151 Seiten, kartoniert. 52,— DM

Produktionsplanung mit Auftragsfamilien
Von U. W. Geitner. ISBN 3-7830-0161.7.
1979, 110 Seiten, kartoniert. 45,— DM

Thermisch-chemisches Entgraten
Von T. Wagner. ISBN 3-7830-0164-1.
1979, 111 Seiten, kartoniert. 45,— DM

Untersuchung der Materialflußkosten bei ausgewählten Systemen der Zentralen Arbeitsverteilung
Von R. Wenzel. ISBN 3-7830-0162-5.
1979, 168 Seiten, kartoniert. 86,— DM

Anpassung und Einführung eines Planungssystems für die Ablaufplanung im Konstruktionsbereich
Von W. Dangelmaier. ISBN 3-7830-0163-3.
1979, 168 Seiten, kartoniert. 80,— DM

Längenmessungen an bewegten Teilen mit berührungslos wirkenden Aufnehmern
Von H. Lang. ISBN 3-7830-0157-9.
1979, 89 Seiten, kartoniert. 42,— DM

Untersuchung multistabiler Strömungselemente und ihr Einsatz in sequentiellen Steuerungen
Von A. Ernst. ISBN 3-7830-0157-9.
1979, 122 Seiten, kartoniert. 48,— DM

Taktile Sensoren für programmierbare Handhabungsgeräte
Von M. Schweizer. ISBN 3-7830-0158-7.
1979, 91 Seiten, kartoniert. 42,— DM

Die rechnerunterstützte Prüfplanung
Von P. Bläsing. ISBN 3-7830-0152-8.
1979, 100 Seiten, kartoniert. 44,— DM

Verfahren zur Fabrikplanung im Mensch-Rechner-Dialog am Bildschirm
Von W. Ernst. ISBN 3-7830-0156-0.
1979, 218 Seiten, kartoniert. 72,— DM

Rechnerunterstütztes Verfahren zur Leistungsabstimmung von Mehrmodell-Montagesystemen
Von M. Görke. ISBN 3-7830-0155-2.
1979, 139 Seiten, kartoniert. 50,— DM

Standortbezogene Betriebsmittel
Von G. Pflieger. ISBN 3-7830-0167-6.
1979, 127 Seiten, kartoniert. 52,— DM

Die betriebswirtschaftliche Beurteilung neuer Arbeitsformen
Von B.-H. Zippe. ISBN 3-7830-0168-4.
1979, 350 Seiten, kartoniert. 98,— DM

Untersuchung des Arbeitsverhaltens programmierbarer Handhabungsgeräte
Von B. Brodbeck. ISBN 3-7830-0169-2.
1979, 117 Seiten, kartoniert. 48,— DM

Untersuchung eines kohärent-optischen Verfahrens zur Rauheitsmessung
Von N. Rau. ISBN 3-7830-0174-9.
1979, 117 Seiten, kartoniert. 48,— DM

Entwicklung einer programmierbaren, pneumatischen Steuerung
Von D. Klemenz. ISBN 3-7830-0171-4.
1979, 93 Seiten, kartoniert. 42,— DM

Diese Berichte sind zu beziehen durch den Krausskopf-Verlag, Lessingstraße 12, 6500 Mainz

IPA Forschung und Praxis

Berichte aus dem Fraunhofer-Institut für Produktionstechnik und Automatisierung, Stuttgart, und dem Institut für Industrielle Fertigung und Fabrikbetrieb der Universität Stuttgart

Herausgeber: Prof. Dr.-Ing. H. J. Warnecke

38 **Arbeitsgangterminierung mit variabel strukturierten Arbeitsplänen — Ein Beitrag zur Fertigungssteuerung flexibler Fertigungssysteme**
Von U. Maier. ISBN 3-540-10213-2.
1980, 111 Seiten mit 45 Abbildungen. 43,— DM

39 **Kapazitätsabgleich bei flexiblen Fertigungssystemen**
Von P. S. Nieß. ISBN 3-540-10372-4.
1980, 151 Seiten mit 57 Abbildungen. 48,— DM

40 **Schichtdickenverteilung auf galvanisierten Paßteilen am Beispiel kleiner abgesetzter Wellen und Bohrungen**
Von D. Wolfhard. ISBN 3-540-10373-2.
1980, 177 Seiten mit 83 Abbildungen. 48,— DM

41 **Planung von Mehrstellenarbeit unter Berücksichtigung von Umfeldaufgaben**
Von S. Häußermann. ISBN 3-540-10374-0.
1980, 136 Seiten mit 59 Abbildungen. 48,— DM

42 **Untersuchungen zur Schmierfilmdicke in Druckluftzylindern — Beurteilung der Abstreifwirkung und des Reibungsverhaltens von Pneumatikdichtungen mit Hilfe eines neu entwickelten Schmierfilmdicken-meßverfahrens**
Von R. Köhnlechner. ISBN 3-540-10375-9.
1980, 100 Seiten mit 38 Abbildungen und 4 Tabellen. 43,— DM

43 **Typologie zum überbetrieblichen Vergleich von Fertigungssteuerungsverfahren im Maschinenbau**
Von G. Rabus. ISBN 3-540-10376-7.
1980, 174 Seiten mit 88 Abbildungen und 21 Tafeln. 48,— DM

44 **System zur Planung des Umlaufbestandes in Betrieben mit Serienfertigung**
Von K.-G. Wilhelm. ISBN 3-540-10377-5.
1980, 142 Seiten mit 67 Abbildungen und 15 Tafeln. 48,— DM

45 **Rechnerunterstützte Arbeitsplanerstellung mit Kleinrechnern, dargestellt am Beispiel der Blechbearbeitung**
Von W. Hoheisel. ISBN 3-540-10505-0.
1981, 169 Seiten mit 74 Abbildungen. 48,— DM

46 **Beitrag zur Verbesserung der Wirtschaftlichkeit EDV-unterstützter Fertigungssteuerungssysteme durch Schwachstellenanalyse**
Von J. Lienert. ISBN 3-540-10506-9.
1981, 148 Seiten mit 37 Abbildungen. 48,— DM

47 **Die Abscheidung von Öl an Entlüftungsöffnungen drucklufttechnischer Anlagen**
Von W.-D. Kiessling. ISBN 3-540-10604-9.
1981, 117 Seiten mit 48 Abbildungen und 3 Tabellen. 43,— DM

48 **Dynamische Optimierung technisch-ökonomischer Systeme**
Von J. Warschat. ISBN 3-540-10717-7.
1981, 132 Seiten mit 60 Abbildungen. 43,— DM

49 **Bildsensor zur Mustererkennung und Positionsmessung bei programmierbaren Handhabungsgeräten**
Von H. Geißelmann. ISBN 3-540-10735-5.
1981, 125 Seiten mit 52 Abbildungen. 43,— DM

50 **Verfügbarkeitsberechnung für komplexe Fertigungseinrichtungen**
Von Ekkehard Gericke. ISBN 3-540-10779-7.
1981, 132 Seiten mit 71 Abbildungen. 43,— DM

51 **Materialflußgestaltung in Fertigungssystemen**
Von Willi Rößner. ISBN 3-540-10888-2.
1981, 149 Seiten mit 76 Abbildungen. 48,— DM

52 **Beitrag zur Analyse der Auswirkungen der Mikroelektronik, dargestellt am Beispiel der Büromaschinen-Industrie**
Von Werner Neubauer. ISBN 3-540-10991-9.
1981, 145 Seiten mit 27 Abbildungen und 47 Tabellen. 43,— DM

53 **Modelle von Informationssystemen zur kurzfristigen Fertigungssteuerung und ihre Gestaltung nach betriebsspezifischen Gesichtspunkten**
Von Roland Gentner. ISBN 3-540-10992-7.
1981, 181 Seiten mit 69 Abbildungen und 7 Tabellen. 48,— DM

54 **Entwicklung von Verfahren zur Terminplanung und -steuerung bei flexiblen Montagesystemen**
Von Jürgen H. Kölle. ISBN 3-540-11227-8.
1981, 132 Seiten mit 64 Abbildungen und 1 Faltplan. 43,— DM

55 **Arbeits- und Kapazitätsteilung in der Montage**
Von Stefan Dittmayer. ISBN 3-540-11228-6.
1981, 124 Seiten und 56 Abbildungen. 43,— DM

Die Berichte 38 und folgende sind zu beziehen durch den Springer-Verlag, Berlin Heidelberg New York

IPA Forschung und Praxis

Berichte aus dem Fraunhofer-Institut für Produktionstechnik und Automatisierung, Stuttgart, und dem Institut für Industrielle Fertigung und Fabrikbetrieb der Universität Stuttgart

Herausgeber: Prof. Dr.-Ing. H. J. Warnecke

56 **Beitrag zur systematischen Planung der Qualitätsprüfung bei Klein- und Mittelserienfertigung**
Von Herbert Babič. ISBN 3-540-11325-8.
1982, 108 Seiten mit 38 Abbildungen und 7 Tabellen. 53,— DM

57 **Methode zur rechnerunterstützten Einsatzplanung von programmierbaren Handhabungsgeräten**
Von Uwe Schmidt-Streier. ISBN 3-540-11355-X.
1982, 188 Seiten mit 72 Abbildungen. 53,— DM

58 **Werkstoff- und Energiekennwerte industrieller Lackieranlagen, am Beispiel der Automobilindustrie**
Von Rainer Manfred Thiel. ISBN 3-540-11356-8.
1982, 116 Seiten mit 59 Abbildungen. 53,— DM

59 **Maßnahmen zum Verbessern der pneumatischen Lackzerstäubung — Teilchengrößenbestimmung im Spritzstrahl —**
Von Klaus Werner Thomer. ISBN 3-540-11507-2.
1982, 162 Seiten mit 94 Abbildungen und 1 Tabelle. 53,— DM

60 **Ermittlung und Bewertung von Rationalisierungsmaßnahmen im Produktionsbereich**
Von Jürgen Schilde. ISBN 3-540-11730-X.
1982, 158 Seiten mit 57 Abbildungen. 53,— DM

61 **Untersuchung von Verfahren der Reihenfolgeplanung und ihre Anwendung bei Fertigungszellen**
Von Mohamed Osman. ISBN 3-540-11747-4.
1982, 124 Seiten mit 32 Abbildungen und 3 Tabellen. 53,— DM

62 **Ein Simulationsmodell zur Planung gruppentechnologischer Fertigungszellen**
Von Volker Saak. ISBN 3-540-11747-4.
1982, 134 Seiten mit 53 Abbildungen. 53,— DM

63 **Verfahren zur technischen Investitionsplanung automatisierter flexibler Fertigungsanlagen**
Von Günter Vettin. ISBN 3-540-11747-4.
1982, 134 Seiten mit 63 Abbildungen. 53,— DM

64 **Pneumatische Sensoren zur prozeßsimultanen Messung des Werkzeugverschleißes und zur Kollisionsvermeidung beim Messerkopffräsen**
Von Wolfgang Jentner. ISBN 3-540-11747-4.
1982, 126 Seiten mit 47 Abbildungen und 6 Tabellen. 53,— DM

65 **Rechnerunterstützte Gestaltung ortsgebundener Montagearbeitsplätze, dargestellt am Beispiel kleinvolumiger Produkte**
Von Eberhard Haller. ISBN 3-540-12015-7.
1982, 130 Seiten mit 43 Abbildungen 53,— DM